Green Life 编辑部　编著

细心爸妈胜过好医生

看懂宝宝的肢体语言，解读不舒服的求救讯号

山东科学技术出版社

图书在版编目（CIP）数据

细心爸妈胜过好医生 /Green Life 编辑部编著 . —济南：山东科学技术出版社，2014
ISBN 978-7-5331-7241-1

Ⅰ. ①细… Ⅱ. ① G… Ⅲ . ①婴幼儿—哺育—基本知识 Ⅳ . ① TS976.31

中国版本图书馆 CIP 数据核字（2014）第 000345 号

细心爸妈胜过好医生

Green Life 编辑部　编著

出版者：山东科学技术出版社
地址：济南市玉函路 16 号
邮编：250002　电话：（0531）82098082
网址：www.lkj.com.cn
电子邮件：sdkjcbs@126.com
发行者：山东科学技术出版社
地址：济南市玉函路 16 号
邮编：250002　电话：（0531）82098082
印刷者：济南新先锋彩印有限公司
地址：济南市历城区工业北路 182-6 号
邮编：250101　电话：（0531）88619328

开本：787mm × 1092mm　1/16
印张：10
版次：2014 年 3 月第 1 版第 1 次印刷

ISBN 978-7-5331-7241-1
定价：39.00 元

编辑部的话

个性再怎么谨慎细心、行事再怎么果断明快的新手爸妈，遇上只能以“哭泣”来表达不舒服的小宝宝，难免会有慌张、不知所措的时候。尤其现在的双薪家庭，很多人都将宝宝托付给保姆照顾，爸爸妈妈与宝宝的相处时间有限，因此对于宝宝的一些肢体小动作常常无法明确判断，不知道宝宝是否真的是不舒服，还是习惯性的撒娇、耍赖。

不管你是迷糊型的爸爸妈妈，还是紧张型的爸爸妈妈，本书不仅以清晰明了的图解步骤示范日常生活中最基础的育婴须知，也针对宝宝满周岁前最常见的 30 种居家意外提供就医前后的最佳护理方法；另外，更精心整理出 60 余种初期症状类似的一些婴幼儿疾病，以最容易阅读的方式逐一说明症状之间的相似性与相异性，希望本书能帮助新手爸妈认识并了解这些病症，避免延误就医的黄金时间。

照顾宝宝的方法 BEST 10 …………9

居家安全家庭意外的处理方法 ····31

Part3

Part4

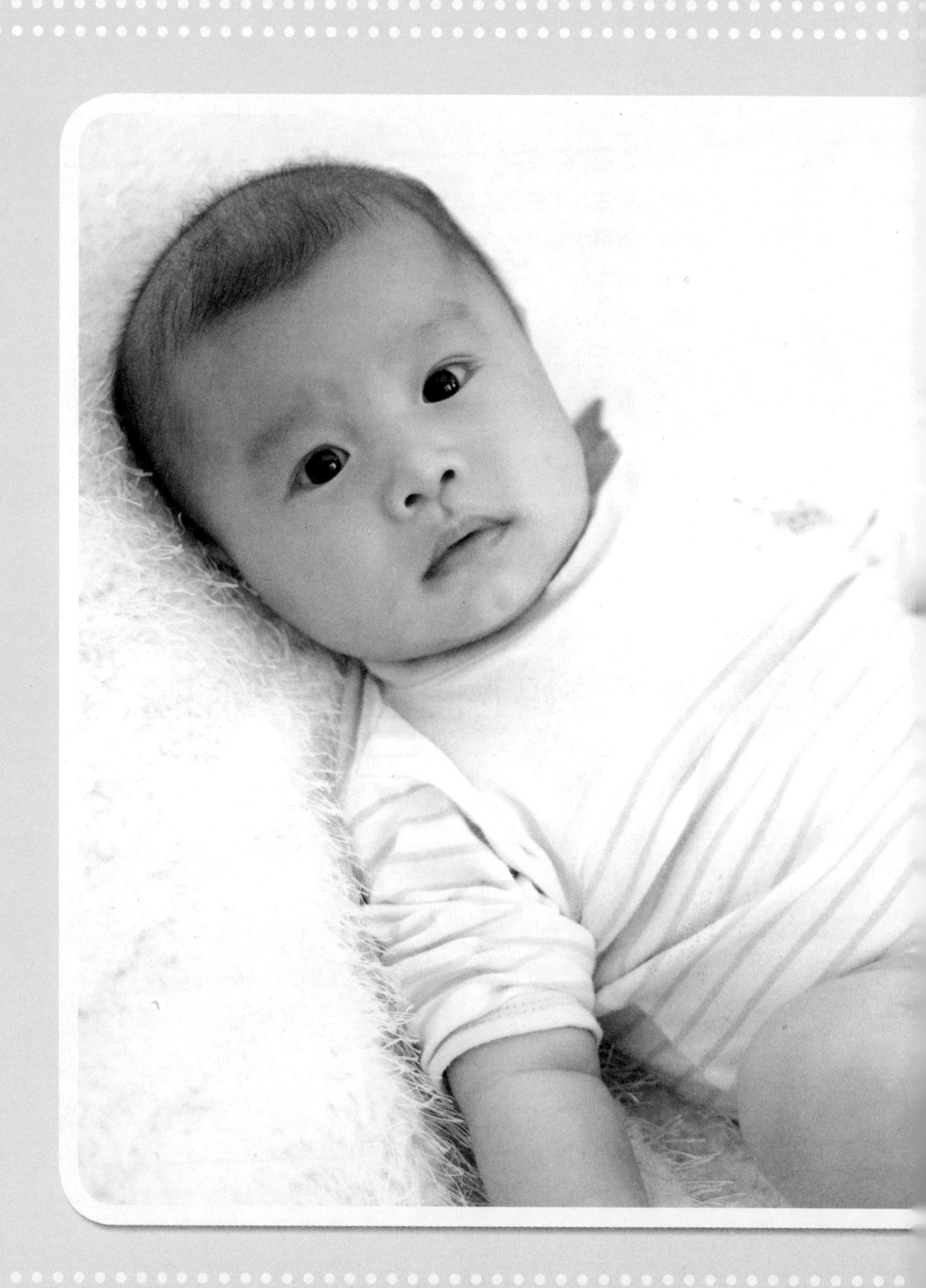

PART 1

照顾宝宝的方法 BEST 10

宝宝是上天赐予爸爸妈妈最美好的礼物，陪着宝宝喜怒哀乐，和宝宝一起成长、学习，你会逐渐发现并掌握照顾宝宝的最佳方法，也意味着你的情商管理将渐入佳境。

适时的拥抱能够让宝宝感受到爸爸妈妈的心跳与体温，不但能安抚宝宝的情绪，增进彼此的情感联系，对于日后的亲子关系也有所帮助。别害怕自己的粗手粗脚，只要在抱起新生宝宝时特别注意“头颈”和“臀部”这两大支力点，避免向同一侧倾斜、竖抱或单手抱的方式即可。

面对面：抱起新生宝宝

步骤 1

弯下身体，让上半身与宝宝平行，再伸开双臂；一手托住宝宝头颈部，另一手从宝宝双腿间穿过，托起宝宝的臀部。

趴睡中：从颈腹托抱起

步骤 1

宝宝趴睡或俯卧时，可将一手伸入胸部下方，另一只手从两脚间穿过，五指微张，往前托住宝宝腹部。

步骤 2
抱起宝宝时，要同时注意宝宝的背部、颈部和头部，巧妙利用前臂的力量使其呈一直线，避免宝宝的头部后仰。

步骤 3
将宝宝托抱至胸前时，肘部要尽量垂直贴着宝宝的背部，并以肩部和前臂沉稳地托住宝宝头部。

步骤 2
抱起宝宝时，要先将宝宝的背部贴在自己的胸前，并微张双肘，以手臂托住宝宝的头颈部，避免宝宝的头部下垂。

步骤 3
让宝宝翻身靠近自己，此时仍维持手臂承托宝宝颈部的姿势，另一手则绕至宝宝背后，改托住宝宝的臀部。

帮男宝宝换尿布时，尿布要先贴着宝宝生殖器的前侧，再抽出尿布，避免换尿布过程中宝宝突然小便；擦拭宝宝臀部时，则应依肛门→生殖器后侧→皱褶内侧→胯部的方向进行。擦拭女宝宝臀部时则应从前侧向后擦；受到母亲荷尔蒙的影响，有的女宝宝初期会有阴部出血或流出白色分泌物的情形，请勿担心。

穿尿布：铺→折→固定

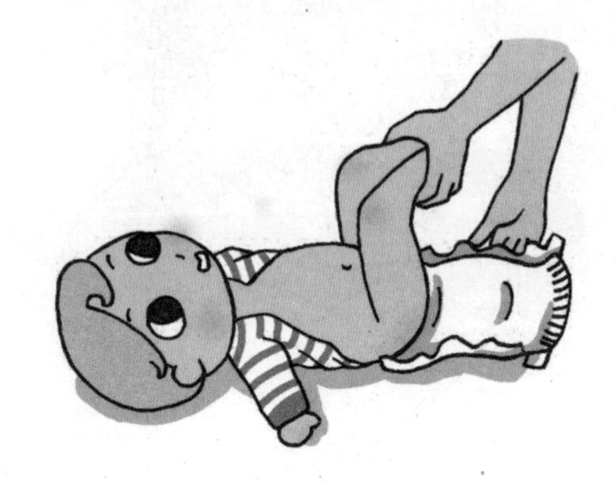

步骤 1

单手抓起宝宝的双脚，将宝宝臀部置于尿布中间的上方；用湿纸巾先将宝宝下半身擦拭干净。

换尿布：避免二次脏污

步骤 1

铺上防水垫，一边和宝宝说话，一边判断宝宝是大便还是小便，以及其分量，小心解开腰际两侧的尿布固定带。

步骤 2
拍上爽身粉，或者涂上婴儿专用护肤霜；让尿布贴紧后背，将尿布前片提至两腿间，调整尿布形状。

步骤 3
左右对称地固定尿布，若使用纸尿裤，侧腰与纸尿裤间应维持 3 ~ 4 根手指的空隙，以免产生勒痕。

步骤 2
遇上较难处理的软便，可用尿布未沾到的地方先擦拭臀部，进行初步清洁，再以湿纸巾进行二次清洁。

步骤 3
抬高宝宝臀部，将尿布从下方向腰部卷起，再利用尿布本身的粘贴，从两侧内卷固定。

很多人都认为喂母乳前要先清洗乳房，其实没有必要。肥皂、护肤霜、保湿乳等反而会破坏保护乳房的油脂，改变宝宝用来分辨母乳的气味；哺乳后，以清水轻拭乳头即可。不要等到宝宝哭了才喂奶，初期也不用太遵循哺乳间隔，当宝宝出现吃手、舔嘴唇甚至转头寻找乳房的动作就可以喂奶了。

哺喂母乳：诱使宝宝张嘴

步骤 1
轻轻地抱起宝宝，一手支撑住宝宝头部，一手托住宝宝的臀部，轻触宝宝的脸颊，做好哺乳的准备。

打嗝三式：轻轻抚，缓缓拍

步骤 1
用肩部托住宝宝身体，让宝宝头部轻靠肩头，一手拍背，另一手托住臀部，轻轻抚拍。

步骤 2
将乳头垂直塞入宝宝口中，把乳头放在宝宝的舌头上方，每隔 5 分钟换左右乳头，共 15 ～ 20 分钟。

步骤 3
食指压住乳晕位置，轻轻拔出乳头；或将小指伸入宝宝口腔内，诱使宝宝张嘴，以免乳头被宝宝吸吮力道所伤。

步骤 2
一手托住宝宝背部，一手扶在宝宝胸口，让宝宝坐在大腿上。

步骤 3
可以在大腿上铺条浴巾或放个抱枕，让宝宝趴卧在双腿上，这适用于 4 个月以上、颈骨较硬的宝宝。

在喂奶过程中尽量将宝宝揽入怀中再喂，这可以让宝宝一边感受妈妈的体温，一边吃奶。奶瓶奶嘴的形状一般分为细长形和圆形，孔径大小和奶嘴硬度需要根据宝宝的吸吮力量来选择，奶嘴盒上多半会标注适用阶段及是否为配方奶专用。若是宝宝容易噎奶，一般应该挑选孔径小、质地偏硬的奶嘴。

冲配方奶：浓度温度适中

步骤 1

配方奶的浓度会影响宝宝的吞咽情况及奶嘴出奶的流畅程度。冲奶粉时，平匙是最基本的测量单位。

舒适至上：握着奶瓶抱婴儿

步骤 1

想要长时间地不晃动，维持喂乳的姿势，可用抱枕支撑手臂，尽量抬起宝宝的头部和上半身。

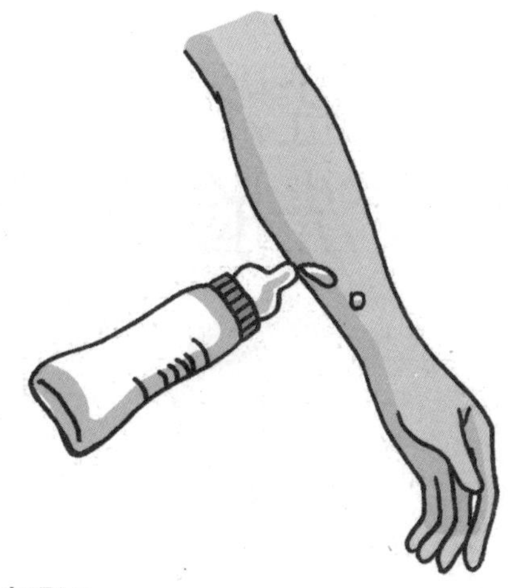

步骤 2

准备好 40 ~ 50℃的适量温水，先往奶瓶中倒入一半，舀入奶粉之后，再添加另一半的温水。

步骤 3

将冲泡好的配方奶滴到手肘内侧，感觉微温即可。对新生儿而言，配方奶的温度宜在 38℃左右。

步骤 2

坐在椅子上哺乳时，不要让宝宝的臀部落在两腿之间，建议可放个抱枕在交叉双腿时形成的空间内。

步骤 3

喂奶时，奶瓶里的奶应维持水平，以免宝宝吸入空气；拔出奶嘴时，可轻拉宝宝下唇。

待宝宝的脐带脱落后，就可以帮宝宝进行盆浴了。如果宝宝不喜欢碰水，不经常流汗，也鲜少吐奶，其实每周洗 3 ~ 4 次澡即可。用脸部专用的小手帕依序擦拭宝宝的脸、耳、颈，以及胸腹、背、腰、臀、腿、胯下、脚掌。洗澡时间最好选择在早上 10 点到下午 2 点之间最为合适，水温应维持在 38 ~ 40℃。

午间盆浴：洗头洗脸三步骤

步骤 1

为避免宝宝突然碰到水会被吓到，可用浴巾包裹住宝宝，让宝宝抓住浴巾一角，再慢慢放入水中。

重点清洁：臂腿胸腹胯下

步骤 1

用拇指和中指指腹轻轻捏洗宝宝颈部肌肤，并以掌心画圆的方式擦洗宝宝胸部和腹部。

步骤2
将小毛巾沾湿，先擦完宝宝的眼角、眼周之后，再沿着“S”字形或“3”字形擦拭宝宝的全脸、耳朵、耳背。

步骤3
一手撑住宝宝颈部，一边帮宝宝洗头并轻轻抚摸头皮；未满月前宜用清水清洗，之后再使用洗发乳等。

步骤2
以前臂撑住宝宝头颈，或以俯卧方式抓住宝宝手臂，然后由上而下柔和地擦拭宝宝的四肢和小屁屁。

步骤3
清洗外生殖器时，男宝宝着重清洗睾丸背面，女宝宝则应注意清洗阴唇周围，最好在10分钟内结束洗澡。

新生宝宝以开襟款、按扣式或系带式的衣裤为宜，穿衣时注意宝宝的关节，不要过度拉扯或硬塞。对于还不能控制颈部转动的宝宝，不建议穿着T恤；如果想穿长裤，最好等3个月之后，待宝宝的骨骼和关节发育比较好，腿部也比较有力了，再来挑选舒适有弹性的裤子吧！

穿开襟衣物：袖子先到位

步骤1

先将衣服摊平于床上，妈妈一手抓住袖子末端，一手抓住宝宝肘部，塞入袖内时，避免折到宝宝手指。

穿脱T恤：护颈肩臂关节

步骤1

先用两只手将领口撑大，轻轻抬起宝宝的头部，避免摩擦到宝宝的鼻子和耳朵，再将宝宝的头套进T恤中。

步骤 2

上衣要由上往下扣，如果是按扣式，妈妈的手指要伸进衣内，垫在扣子下方，以免压迫到宝宝腹部。

步骤 3

穿连身装时，要注意腋下的扣子是否扣齐；裤扣则应由下往上扣起，避免扣错再重扣的情况。

步骤 2

将一只手伸入袖口内等着，另一只手则辅助宝宝手臂伸入袖内，待接住宝宝手腕，再往袖口方向穿出。

步骤 3

调整衣服领口和褶皱。如果衣服的领口不够大，可将T恤下部卷起，穿衣、脱衣时会更方便，不卡手。

营造舒适的睡眠环境：哄宝宝入睡

刚出生的宝宝一天要睡上 18 ~ 20 个小时，之后慢慢递减。从睡姿开始，营造舒适的睡眠环境，调整宝宝的睡眠节奏，让宝宝的爸爸妈妈也可以拥有良好的睡眠质量。

步骤 1
陪伴宝宝入睡虽然可以带给宝宝安全感，但最好是在清醒的情况下，以免因为翻身而压伤宝宝。

尽量让宝宝拥有自己的床铺，床上除了健康舒适的枕头和被褥之外，不要堆放太多布偶和玩具，或者出现容易缠住手足口鼻的系带类物品。室温通常维持在 24 ~ 26℃，湿度则维持在 40% ~ 66%。

适应宝宝的生理时钟

出生 3 个月之内的宝宝，睡眠时间会比较长，此时不宜刻意去改变宝宝的睡眠时间，应该根据宝宝的生理时钟按时喂奶，按时睡觉，但须注意一点，哺乳后不可以马上睡觉。

出生 3 个月后，宝宝的生理时钟逐渐变得有规律，平均每天会睡 14 个小时左右，其中有 12 个小时在晚上。夜间睡醒的次数会逐渐减少，白天可能会睡 2 ~ 3 次。在这个时期，妈妈就应该有规律地喂奶或哄宝宝睡觉，不要让宝宝因为饿醒而号啕大哭。

步骤 2
趴睡可以让宝宝拥有漂亮的头型和脸型，但不适合还不能挺起脖子的宝宝，以免宝宝的鼻子埋入枕头中造成窒息。

步骤 3
仰睡能让宝宝的颌骨呈半月形发育，牙齿也会长得比较漂亮。另一个优点是入睡前和睡醒后都能看到爸爸妈妈。

熟睡秘诀三关键

秘诀 1：降低照明强度。宝宝会在昏暗的环境下分泌出大量促进睡眠、有助于成长的激素。建议放置婴儿床的房间或在宝宝睡觉前应降低照明强度，让宝宝充分好眠。不放心宝宝独眠的新手爸妈则可以在宝宝床上安装监视装置。

秘诀 2：睡前用温水洗澡。睡觉之前洗澡能促进血液循环，而且能放松身体，有利于熟睡。洗澡时，夏季水温可以保持在 38 ～ 40℃，冬季可以保持在 40 ～ 42℃。洗澡后必须用浴巾彻底擦干，并涂上婴儿油，以抚触的方式进行轻度按摩，让宝宝感到放松且安心。

秘诀 3：利用芳香疗法帮助熟睡。芳香具有镇定身心的功效，因此利用芳香疗法能营造出较为舒适的睡眠环境。一般情况下，在洗澡水内滴入几滴芳香精油，或使用一些精油类的婴儿保养品，都能达到效果。不过，一定要确保宝宝不会过敏，或者询问专业芳疗师，之后再进行操作。

离乳替代食品，不只是“辅助性营养食品”这么简单，它也是决定宝宝日后饮食习惯的重要因素，对幼儿期的健康和大脑发育有着非常深远的影响。

喂食离乳食品

步骤 1
4 ~ 6 个月之后，可从食物泥、粥开始喂宝宝。避免一次性混入多种谷物，以免引起过敏，却找不出过敏源。

4 个月大之后，当宝宝哺乳节奏和分量都已经比较有规律，形成习惯，就能抽空给宝宝喂果汁或营养粥等配方奶以外的食品了。

浓度分量与营养成分

着手制作离乳食品初期，应该从白粥、清淡的蔬菜营养粥做起，再逐渐转换成较浓的营养粥形态。一般情况下，出生 3 个月至 3 个半月时，可以开始喂食不含白糖或果肉的酸奶，尤其当宝宝哺乳量明显减少时，可用酸奶代替配方奶。刚开始只喂一小匙，然后根据宝宝的状态逐渐增加。

初期、中期、后期喂些什么

初期 4 ~ 6 个月：先从黏稠的谷类营养粥开始喂起。可用汤匙均匀地捣碎或用过滤网过滤煮熟的材料，然后添加肉汤，制作黏稠

步骤 2
喂果泥和果汁时，必须在粥之后。遇上甜度或酸度太高的水果，可以稍微稀释，而且要现做现吃。

步骤 3
有些宝宝还不到 1 岁就会和爸爸妈妈抢拿餐具，建议提供双耳型奶瓶及汤匙，让宝宝享受进食的成就感。

的营养粥。经常检查宝宝的大便状态，如果比平时还要稀且次数增加，应把离乳食物减少到 1 匙，再慢慢加量。

中期 7 ~ 9 个月：离乳中期是训练舌头活动的时期，饮食中可以加入一些煮熟、易碎或有韧性的材料，并细细地剁碎，然后跟米粥或酸奶混合成柔和的状态。从现在开始可以给宝宝准备婴儿用汤匙、空碗和专用杯子。

后期 10 ~ 12 个月：婴儿还只能用牙龈嚼食物，因此要准备比较软的离乳食品。可引导宝宝独自吃离乳食品，每天喂 3 次，并开始确定用餐时间，同时制作一些能用手抓着吃的离乳食品。

经常跟宝宝玩游戏，通过肢体接触，促进宝宝大脑的成长及情绪发育。0 ~ 4 个月时，应提供能刺激宝宝眼睛和耳朵的玩具；4 ~ 8 个月时，尽量做些能充分地刺激五感发育的小游戏，每次不超过 15 分钟；8 ~ 12 个月宝宝玩的小游戏，应着重小块肌肉训练、反复认知刺激，并加强运动神经和语言发育的刺激。

陪宝宝玩 15 分钟的智能游戏

步骤 1

抓物游戏。在宝宝触手可及的地方，放些宝宝喜欢的玩具。摆放地点由近而远，扩大他的伸手范围。

步骤 4

陪宝宝咿咿呀呀，或跟宝宝说话，这样不但能增进亲子交流，也是刺激宝宝语言能力发展的方式之一。

步骤 2
帮宝宝戴上能发出声音的手环，让宝宝对声音进行分辨的同时也促进手部运动神经的发育。

步骤 3
更换尿布或洗澡前后，可抓住宝宝脚踝进行简单的骑自行车游戏，提高宝宝的运动能力。

步骤 5
试着让宝宝握住柔软、坚硬等不同触感的东西，同时和宝宝说话，像是“这个好硬呢”“好软哦”。

步骤 6
和宝宝玩照镜子游戏。可用白纸遮住妈妈的影像，透过移动纸片告诉宝宝“妈妈不见啦”或“妈妈在这里”。

宝宝满周岁之前，一定要遵循“预防接种证”的接种时间表，认真且按时做好预防接种的工作，若遇上宝宝身体不适，接种前须主动咨询接种医生。

预防接种：健康宝宝打好底

步骤 1
建议将接种时间直接标在日历表上，或在个人手机及电脑日历中加入“前一天提醒”的提醒设定。

步骤 2
疫苗注射的副作用快的几分钟之内就会出现，如果时间不着急的话，可在医院停留30分钟后再离开。

步骤 3
接种后，如果打针部位出现红肿现象，只要不严重，都不用太过担心。能不能揉？能不能抹消炎药？这些都要先问过医生。

小儿预防注射种类繁多，次数也很多。在日常生活中，应该按规定的时间去进行预防接种，遇上不得已的情况时，延后 1 ~ 2 周是没关系的，但如果必须延后更长的时间，则应与儿科医生商议。

另外，新手爸爸妈妈最担心的是，宝宝患有感冒时，是否该延后预防接种的时间？其实，并非所有感冒都不能进行预防接种。只要不发烧，在轻微的感冒情况下应该都能正常进行预防接种，但最保险的方式是问过医生之后再决定。

预防接种时间表（具体请以当地接种手册为准）

接种时间	接种疫苗	次数	可预防的传染病
出生	乙型肝炎疫苗	第一针	乙型病毒性肝炎
	卡介苗	初种	结核病
1 月龄	乙型肝炎疫苗	第二针	乙型病毒性肝炎
2 月龄	脊髓灰质炎疫苗	第一次	脊髓灰质炎（小儿麻痹）
3 月龄	脊髓灰质炎疫苗	第二次	脊髓灰质炎（小儿麻痹）
	百白破疫苗	第一次	百日咳、白喉、破伤风
4 月龄	脊髓灰质炎疫苗	第三次	脊髓灰质炎（小儿麻痹）
	百白破疫苗	第二次	百日咳、白喉、破伤风
5 月龄	百白破疫苗	第三次	百日咳、白喉、破伤风
6 月龄	乙型肝炎疫苗	第三针	乙型病毒性肝炎
	A 群流脑疫苗	第一针	流行性脑脊髓膜炎
8 月龄	麻疹疫苗	第一针	麻疹
9 月龄	A 群流脑疫苗	第二针	流行性脑脊髓膜炎
1 岁	乙脑	初免两针	流行性乙型脑炎
1.5~2 岁	百白破疫苗	加强	百日咳、白喉、破伤风
	脊髓灰质炎糖丸	加强	脊髓灰质炎（小儿麻痹）
	乙脑疫苗	加强	流行性乙型脑炎
3 岁	A 群流脑疫苗，也可用 A+C 流脑加强	第三针	流行性脑脊髓膜炎
4 岁	脊髓灰质炎疫苗	加强	脊髓灰质炎（小儿麻痹）
7 岁	麻疹疫苗	加强	麻疹
	白破二联疫苗	加强	白喉、破伤风
	乙脑疫苗	初免两针	流行性乙型脑炎
	A 群流脑疫苗	第四针	流行性脑脊髓膜炎
12 岁	卡介苗	加强农村	结核病

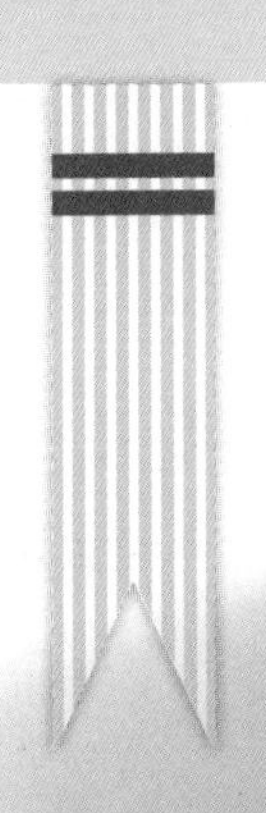

PART 2

居家安全
家庭意外的处理方法

0～1岁是宝宝迈入知觉综合发展的重要阶段，而家庭则是宝宝获得学习、情绪、动作及行为等基本能力的第一站。所以，与其以“制约”方式禁止宝宝靠近危险源，不如为宝宝营造一个安全而又充满探索乐趣的成长环境。

手指甲脱落

应急处理

首先对宝宝指甲脱落的部位进行消毒，然后紧紧按压翘起的指甲，再用创可贴或宝宝专用液态绷带为宝宝包扎，包裹妥当；若指甲面脱落超过一半以上，请直接送医。基本上，如果指甲只是两侧边边轻微翻翘、流血，只要能先止住流血，经过 3 ~ 4 天，脱落的指甲就会重新黏合。愈合期间，尽量避免碰水，以免伤口感染，如果担心宝宝碰到、咬到患处，可以在外面再套个保护手套。

新生宝宝的手指甲和脚趾甲因为是在出生前最后几周才发育完成，又薄、又尖、又软，所以很容易因为极小的碰撞或勾到衣物就出现断裂、脱落的情况。

宝宝的手指甲为什么脱落

宝宝的指甲断裂了，甚至出现快要脱落的情况，会不会是营养摄取不足或生病了？其实，除了碰伤之外，造成宝宝指甲脱落的疾病目前以肠病毒中的克沙奇 B 型病毒最为常见，多发生在未满 6 岁的幼儿身上，虽然相关性高达六成，但对鲜少出门的宝宝而言，感染的概率并不大，比较需要注意的反而是甲沟炎的问题。如果明显不是因为外伤引起的，不妨先带宝宝到医院检查一下，别急着自己下判断。

就算宝宝的指甲真的脱落了，家长也不要太过担心，只要加强居家的护理和照顾，保持手足干净，不要让甲沟缝隙“藏污纳垢”，增加感染机会，平日记得定期帮宝宝修剪指甲，尽量不要碰伤手指、脚趾。通常旧指（趾）甲脱落的时间为 6 ~ 9 天，1 ~ 2 个月后，新指

甲就会长好。

手套与指甲管理

建议每 3 ~ 4 天就可以帮宝宝修剪指甲，最安全距离是距指尖肉 2 ~ 3 毫米处。最佳修甲时间是趁宝宝入睡时或在宝宝刚洗完澡时，因为那时候的指甲最软。切记，一般要选择“宝宝专用”指甲剪，有的是中间有一条缝的款式，可以在剪指甲时避免碰到宝宝皮肤，有的是“上钝下利”的款式，也能避免剪到宝宝。

建议分两三次慢慢地修剪，如果不小心修剪过短或出血了，应该用消毒液消毒或宝宝专用的液态绷带，不要直接用胶布或绷带包扎，避免宝宝因为把手指放进口中吸吮而使其脱落进入喉咙。如果担心刚修剪过后的指甲可能过于锋利，可以用修甲锉刀磨平；如果选择戴上手套，建议只睡觉时戴着就好了，以免影响宝宝触觉发展。

手指夹伤

应急处理

宝宝手指被夹伤后，不管有没有伤口，都要先用流动的凉开水或清水冲洗患处。如果伤势不是太严重，只要让伤处降温，疼痛感就会稍微减轻。但如果患处愈来愈肿，或宝宝因为疼痛而哭闹不停，可先用筷子或铅笔等自制夹板来固定手指，减少因为弯折或活动所产生的疼痛，然后立即就医。如果因为宝宝的手指太小，无法使用夹板，可以用冷湿布先缠住夹伤的部位再送医。

开始会坐、会爬、会站之后的宝宝，活动范围开始扩大，手指被夹伤的危险也不再仅限于床缝，举凡门缝、窗缝、抽屉缝，各种家具、生活用品或电器的细小孔径及缝隙，都可能成为宝宝探索的目标，一不小心，宝宝的小小手指就可能被卡住、夹伤。

如何判断夹伤的严重程度

宝宝的手指被夹住时，第一个反应是“哭”，如果手指呈现卡住的状态，哭声会更大。这时，爸爸妈妈的第一个临场反应是先安抚宝宝情绪，帮宝宝抽出被夹住的手指，然后观察宝宝手指是否呈现不自然的弯曲；如果有，极可能是有“骨折”的情况发生，应先用夹板固定手臂，指节部分可用裁短的筷子或铅笔稍做固定，然后直接送医治疗。

如果有擦伤或破皮出血的情况，可先用碘伏消毒，再用消毒纱布包扎；单纯夹伤时，可用冷毛巾或冰袋为受到挤压部位降温，也能有效减轻宝宝疼痛。记得要多观察几天，即便没有明显外伤，也别以为

宝宝就此没事，因为有些挫伤是 1 ~ 2 天之后才会开始出现紫色淤青，这时候反而要注意是否有肌腱受伤的情况发生，如果患部肿胀得较为严重，同样要寻求专业医师的帮助，不宜直接帮宝宝涂抹大人专用的退淤药膏或药布，有些过于刺激的药用成分并不适合宝宝使用，也不能为了快速退淤而去揉捏、拉扯宝宝的受伤部位。

安全门挡、护条与抽屉安全锁

担心宝宝床的护栏会夹住宝宝的小手？建议可使用宝宝床专用护围，或者用被褥挡住容易“卡”住宝宝手指的床板间缝。

待宝宝开始会四处爬行，开始会坐、会站之后，“防夹措施”则应从床铺延伸至门窗、抽屉。建议可在宝宝经常出入的房门底部加垫一块安全门挡；房门合页的轴承或拉门、窗户边框，可加装门缝专用护条。抽屉部分则可加装抽屉防夹防护钩或防开抽屉锁。

风扇绞伤、断指

应急处理

被风扇绞断手指的情况虽不多见，但若发现宝宝手指被风扇绞住的伤口深可见骨，或出现断指、出血等严重的情况，最好直接叫救护车。等待救护车来的时候，应先在伤口处铺上干净的纱布，外面再以毛巾压住出血口，并以冰袋保持伤口周围低温；不要清洗被切断的手指，应将其包裹在干净的纱布中，然后放在装满冰块的塑料袋内，直接带至医院。

风速强弱和扇叶边缘的尖锐程度高低，都会影响手指绞伤的程度。因为宝宝的指骨较软，皮肤也比较薄嫩，就算只是被运转中的扇叶边缘刮到，也可能造成裂伤、出血的情况。

被扇叶绞伤的伤口护理

寻常的割伤或裂伤，伤口可能只有一道，而被风扇绞到的伤口往往呈环状切口，如果风扇叶片太薄又处于高速运转的情况，宝宝手指有可能被绞断。

急救第一步，一定要先送医，因为可能伴随粉碎性骨折的问题。到达医院前，不宜在伤口或血痂上面随便涂抹消毒软膏，虽然消毒软膏能清洁伤口，但是不能防止所有细菌，如果涂抹软膏，反而会软化血痂，降低防菌能力。

如果担心叶片上的毛屑灰尘可能对伤口造成感染，可先用生理盐水冲洗伤口，再盖上干净的消毒纱布。如果出血量较大，在止血时，可借助止血绷带；其实只要生成血痂，就不需要使用绷带，而且要开放伤口，这样才有助于治疗。

你该注意的风扇安全管理

在风扇外面加装防护网，可以避免儿童将手指插入风扇内而绞伤。一般而言，学会站立或走路之前的小宝宝，手指被风扇绞伤的概率并不大。但低矮型的立扇或桌扇，甚至是可随意夹在桌边的小型风扇就不同了，小宝宝碰到的概率很大，建议可选择叶片为软式树脂的风扇设计，以免宝宝的手指被绞伤。

爸爸妈妈在选购及使用小型桌上迷你电风扇时，千万不要将其放在宝宝手指碰得到的地方；使用时不要贴近脸部，以免无护网之扇叶伤害眼睛，或造成头发卷入风扇转轴中发生危险。清洁保养时，应严格依照使用说明及注意事项，先将电源拔离，并防止水渗入电风扇内部；若离开电风扇使用场所时，应关闭电源，并将电源线拔离插座；电源线破损或松弛时，切勿使用，以免发生短路或触电；切勿自行更换零件或拆解修理，并应注意定期保养，以确保使用安全。

表皮刮伤、刺伤

应急处理

先检视伤口上的残留物，不管是铁锈、木屑、沙土……都应先用消毒后的镊子或拔毛夹取出残留物，再以流动的清水或生理盐水洗净伤口；然后用干净的纱布按压伤口几分钟止血。止血后，可涂上刺激性较低的碘伏，贴上创可贴或医用胶布；如深口较深，可覆上抗菌纱布再以透气胶带固定。伤口长度在六七毫米以下时，只要处理得宜，通常一周后就会自行愈合。

宝宝的皮肤又细又薄，就算只是与表面稍微粗糙的物品摩擦，也会造成擦伤、刮伤。不要小看这些细细小小的伤口，只要遭到细菌感染，同样会有化脓、伤口不易愈合的情况出现。

清洁至上，消毒、杀菌其次

处理伤口最重要的不是消毒、杀菌，而是“清洁”。不同于裂伤（切伤）或穿刺伤，造成擦伤的范围虽有大小之别，但伤口通常较浅，只损及表皮层和真皮层，随着擦撞力道不同，可能会有肌肉挫伤、淤血的情况出现。但不论如何，第一步都是要先清洁伤口。

很多宝宝的爸爸妈妈常会用棉棒沾取消毒药水来回反复滚动、擦拭伤口，甚至一天消毒五六次。其实，过度消毒反而会抑制人体本身的免疫系统，降低白细胞记忆歼敌的功能，不但无法杀死所有细菌，还可能将原本附着于伤口表皮周遭的细菌“卷”进伤口深层，反而让细菌拥有更好的孳生环境。

伤口结痂易痒，可抹点乳液

一般来说，擦伤属于浅表性伤口，伤口的神经末梢经常裸露在外，让宝宝觉得很痛、很不舒服，建议可使用透明贴膜或人工皮覆盖，一来能借由遮蔽神经末梢降低痛感，二来也能提供湿润的环境，促进伤口愈合。

当然，伤口不大时使用创可贴也是可以的，但须留意粘贴部位，如果是手指部位，因为宝宝容易有吸吮手指或一见到东西就往嘴里塞的习惯，创可贴很容易被误吞下肚，家长们要特别小心。

小面积的擦伤，洗澡时轻微沾水是没关系的，在伤口结痂前，如果担心细菌感染问题，可在清洗伤口之后涂抹抗生素药膏，并用消毒纱布覆盖加以保护。当伤口开始结痂时，伤口会由潮湿转为干燥，这时皮肤表皮细胞会刺激痒神经受器，生长因子也会修复细胞激素，所以宝宝开始会感觉皮肤很痒。如果担心宝宝把“痂”剥落，造成二度出血，留下难看疤痕，可在周围擦点乳液，也能有效止痒。

伤口深，失血量多

应急处理

第一步，先判断出血位置是否为单纯的微血管破裂，如果伤口处有泥土或沙子，可以先用清水或生理盐水清洗干净，然后用碘伏消毒，再绑扎绷带。伤口有刺时，要先拔出刺，再进行消毒。通常处置后按压伤口几分钟就会止血，如果流血情况没有明显改善，极可能伤及大血管，请使用止血带（压迫绷带）辅助，并紧急送医。

伤口的深度、长度与出血量大小并非呈正比；当瞬间流血量较多，5 ~ 10 分钟后仍没有趋缓的情况时，则必须担心是否伤及动脉或静脉等出血量较大血管，并随时留意宝宝是否出现休克的情况。

如果血流不止

当伤口深、失血量多、不容易止血时，可实行以下三种止血方式：

第一种也是最简单的方法，是“直接加压止血法”，将几片消毒纱布重叠后对准伤口按压。当手或脚出血时，抬起患部，使其超过心脏的高度；加压时视血管的大小以“四指”或是“手掌”来加压，这样就会很快止血。

当鲜血大量涌出时，可能是动脉断裂，这时可先施行“止血点止血法”，也就是我们所说的“间接加压止血法”，加压处为伤口附近距离心脏最近“动脉点”。如果采取此种措施后仍然血流不止，则应立刻采取“止血带止血法”：以有弹性的丝巾或是长条物将止血点部位的肢体绑住，达到制止血液流动的目的。不过，要特别注意，宝宝

的血管比较纤弱，此方法为前述两项方式都无法有效止血时才使用。因为使用止血带时若疏忽松绑时间，肢体会因为无法获得血流供应而有坏死的可能，建议到达医院前最好每 10 分钟就松绑一次。

如果伤口潮湿

如果伤口出血，并形成血痂，应该彻底擦拭伤口周围的血渍。摘掉血痂时，如果接触到水或药膏，很容易导致感染。一般来说，伤口周围的血渍会随着血痂自然地脱落，不要刻意去剥除，以免导致二次感染。

如果受伤后长时间出血，伤口周围很脏，就应该用生理盐水或湿纸巾擦拭，还可以用稀释的消毒液来清洗。擦拭伤口周围时，最好从伤口往外擦拭，然后进行杀菌处理。伤口严重时，消毒后要马上到医院缝合伤口。脸部的伤口容易留下难看的疤痕，直接寻求医师的专业建议会比较妥当。

钉子、锐利物刺伤

应急处理

被尖刺物、玻璃、钉子等刺伤时，在表面较难直接见到伤口，但实际上潜伏着患破伤风的危险，一定要去看医生。此外，受伤严重时，不要试图自行拔出，应当先固定被刺部位，然后直接送医急救。只有使用经过消毒的针或小镊子拔出刺，才可以避免感染。如果扎入点是在指甲下方、眼周或耳郭等比较难自行处理的部位时，除进行初步止血动作之外，必须全盘交由医生进行处置。

刺伤不同于表皮刮伤或撕裂伤，伤口的出血量虽然不大，但伤口和出血点都比较深，一般的居家包扎护理可能无法完全做到 100%的消毒，建议先送医，交由专业医师处置。

过敏、破伤风、细菌感染

如果伤口较深，没有及时处理，那么伤口处就很容易侵入破伤风细菌，所以一定要仔细消毒。尤其是当伤口沾有动物粪便或铁锈时，就更容易被感染，因此最好让宝宝打破伤风的预防针。有时表面伤口虽然很小，但是却严重地出血，在这种情况下，必须马上到医院治疗；尤其是头部很难缠绑绷带，因此即使是小伤口也应该进行缝合。

如果是口腔部位被扎伤，严重时可能会影响到呼吸，建议最好到医院诊治；如果是被昆虫扎伤，有些宝宝会出现过敏反应，甚至导致休克，在这种情况下，也必须马上到医院诊治。

刺伤的急救与居家护理

很多人认为使用药水消毒伤口时“一定要冒出白色泡泡”或“含有酒精成分”才能达到杀菌效果，其实不然。双氧水和碘酒只适用于没有伤口的情况下，过度刺激伤口反而会影响日后伤口的愈合。

如果刺伤情况不严重，还要检查一下皮肤内是否仍存有残留物。如果不放心，可用大量的生理盐水冲洗伤口。注意，开封过的生理盐水也不能存放太久，以免滋生细菌。当然，如果家中没有生理盐水，也可用煮沸的冷开水（蒸馏水）或矿泉水取代，再不然，自来水也行；之后再进行后续的伤口抑菌与消炎步骤。第一天，为了缓解疼痛，可隔着纱布在扎伤的部位敷冰块，然后涂抹医师许可的人工敷料或软膏。

如果造成刺伤的物品为造型尖锐的螺旋状物品，伤口较深且无法立即拔出，建议爸爸妈妈千万不可试着自行拔出刺入物，应以纱布在刺入物周围固定，或用三角巾折成环形垫套住以固定刺入物，然后即刻就医。

皮肤裂伤、切割伤

应急处理

出现裂伤时，伤口部位会流血、流脓，如果对伤口置之不理，几日后会溃烂流脓。这不仅会增加日后治疗的难度，而且治愈后也会留下疤痕。尤其是出现在脸部的裂伤，或伤口长度达7毫米以上就应去医院治疗。请遵循“冲、擦、敷、看”4个步骤，先以生理盐水或干净的水冲洗伤口，然后用纱布或消毒棉花以“沾点”方式擦拭，再敷上消炎药膏或人工皮亲水敷料，最后逐日观察伤口愈合状况。

只要保持伤口透气，两天换一次药也可以，不需要每天消毒。其实伤口本身渗出的组织液就含有丰富的消炎成分，亦是伤口愈合所需的营养来源。可在结疤初期使用抗疤痕的美容胶带或硅胶片保湿并加压，即可软化组织，避免留疤。

家用急救箱的准备原则

市售的家用急救箱几乎均采用多隔多层的固定设计，有些还会结合手电筒等紧急照明功能，但这种类型的急救箱的收纳空间通常较小，建议可分装成两盒，一盒放些简易的外伤用药，另一盒则可放些三角巾、冰枕等较大型用品，或平日较少用到的护理用品。

建议急救用品应包括冰枕、碘伏（消毒液）、氨水、三角巾、体温计、纱布、脱脂棉、剪刀、镊子、棉花棒、创可贴、绷带、透气胶带、止血带、橡皮筋、抗组织胺剂、副肾皮质荷尔蒙软膏、防化脓软膏等。

严重切割伤的六大止血点

当父母其中一人施行压迫止血点止血的同时，最好由另一人于伤口上施行直接压迫伤口止血法以止血。压迫止血点约 5 分钟后，可轻轻放松压迫，观察伤口是否继续出血，若有，则应再压迫止血点，反复放松并观察，直至止血为止。

如果刀刃不慎划过动脉，可以针对以下这 6 个止血点进行送医前的紧急止血：①颞动脉：出血位置在眼睛以上，止血点在耳前上方。②颜面动脉：在下颌骨以上，眼睛以下出血时，压迫下颌角前约 2.5 厘米处，或以食指、中指对下颌骨加压以止血。③颈动脉：颈部或咽部出血时，将大拇指置颈后部，其余四指压迫喉头旁边凹陷处的外颈动脉或总颈动脉。④锁骨下动脉：肩、腋及上臂出血时，将拇指或其他手指压迫于锁骨的凹陷处，并向下面第一肋骨压迫。⑤肱动脉：前臂出血时，将手掌握于腋窝和肘节中间，拇指握于手臂之外侧，其他四指则压迫手臂内侧。⑥股动脉：腿部出血时，用手掌压迫大腿中央，向后髋骨压迫。

不小心触电

应急处理
因触电导致休克时，应呼叫救护车，并立即给宝宝做心脏按压。当出现皮肤变黑、溃烂等火烧痕迹时，就有感染的危险，不要直接碰触伤口，可用冰袋等降低伤口温度，再用纱布缠裹立即送医。触电造成的火伤通常深及皮肤里层，多数时候会留下疤痕。但若宝宝身上没有明显的火烧痕迹，就不必过分担心；经过1～2小时后，如果宝宝和平时一样玩得很高兴，就不用送医了。

日常居家环境中，为了整体空间美观，插座的位置通常设计在墙缘下方或隐身于地板，刚好是宝宝触手可及的探索范围。那么，该如何防止宝宝拉扯电线，或向插座孔内塞进手指等导致触电事故的发生呢?

插座、延长线、电子产品连接线

最好把插座安装在宝宝小手碰触不到的墙壁上面。另外，挑选插排时，只有单键开关装置还不够，为了宝宝安全，应选择附有“安全盖”的插排。

咖啡机或吹风机的连接线也很危险。虽然电器并未在使用的状态下，只是将插头插在插座上，但好奇心旺盛的小宝宝会把连接线放入嘴里，很容易因此烧伤舌头或嘴唇。

此外，随着智能手机及平板电脑的普及，“充电”已成为每天的例行性工作，这种类型电子通讯产品的连接孔通常较小，轻轻一拔就会脱落，对小宝宝而言也是另一个潜在的危险源。

心脏按压与人工呼吸

宝宝因为触电而受到惊吓时，必须先拔掉插头，关闭电源，然后立刻用爸爸妈妈的手包裹住宝宝的手。如果触电引起的烧伤比较轻微，应马上检查触电原因，然后避免再次发生同样的意外。

如果触电情况较为严重，宝宝的小手会处于肌肉萎缩状态，可能无法立刻松开手，甚至会失去意识。在这种情况下，如果直接接触宝宝，其他人也会触电，因此要马上关闭电源。在紧急情况下，可以用干燥的非金属物品，比如用扫帚或杂志推开电线。如果宝宝停止呼吸，就应该进行心脏按压，然后做人工呼吸。如果能自行呼吸，就应该盖上毛毯保持体温。

如果宝宝突然失去意识，此时应采取安全的姿势，在爸爸妈妈的膝盖之间固定宝宝头部，这样能促进大脑的血液循环。宝宝失去意识时，必须在几分钟内弄醒宝宝，让宝宝放松颈部，呼吸新鲜的空气。

摔倒出现红肿

应急处理

一般而言，刚摔倒时，会先出现红肿情况，通常到第2天才会出现大片淤青，然后慢慢转为紫红色。当宝宝身上有淤伤时，第一步要先抬高患部，并用水或硼酸水降低患部的温度。当患部红肿或疼痛严重时，可用冷毛巾或冰袋等冷敷5～10分钟，每次间隔1小时。待肿胀消退后，可以停止冷敷，之后继续观察淤血状态。如果肿胀消退，只留下淤青痕迹，则需要再观察2～3天。

学步期的宝宝，走起路来摇摇晃晃，只要一受惊吓，脚撑不住了，或被家具、地板上的障碍物绊到，很容易就摔跤、受伤。

书桌、装饰柜的边角、把手

书桌、橱柜等较重的家具应该摆放在安全的地方，而且要确保不会翻倒。宝宝使用的所有物品都必须是安全的。另外，椅子等家具容易翻倒，因此要特别注意。

宝宝摔倒后，有时手臂和腿上会出现淤血红肿，但没有外伤，这时不必过分担心。只要经过2～3天，宝宝身上的青肿就会逐渐消退。但是，如果宝宝的伤口凹陷，或触摸时宝宝感到非常疼痛，就应到医院进行诊断。

在无法全面更换安全家具的情况下，建议可在较尖锐的家具边角加装“锐角防撞垫”；抽屉门把等突起物则可包覆海绵垫或软布，或在墙壁四周铺些抱枕，避免宝宝四处爬时撞到墙壁。

地毯、地板、玩具

请先暂时收起松弛或破旧的地毯，以免宝宝绊到皱褶处或脱线处而滑倒。另外，要小心宝宝在光滑的地板上滑倒，如果地板本身太光滑，最好铺上游戏用的垫子。宝宝的玩具不要随意散落在地板上，尤其是会动的玩具汽车，一来可能绊倒宝宝，二来就算不是罪魁祸首，也可能让宝宝摔倒时因为不小心误踩而加重伤势。其次，不要让宝宝往嘴里塞进哨子或铅笔等危险用品，如果突然摔倒，很可能会刺伤喉咙。

跌倒时，如果伤势较轻，可以在宝宝止住哭声后多观察几天；如果担心还有看不到的伤处，可趁着帮宝宝洗澡时，仔细检查四肢、臀部，以及胸、腹、背部，看看有无青肿的情况。如果宝宝撞到头后没有哭声，脸色苍白，耳朵或鼻子流血，并有呕吐、痉挛、头痛等症状，就应当呼叫救护车，迅速赶到设有脑神经外科的医院。

向后滑倒撞到头

应急处理

头部受伤时，要用干净的纱布或毛巾按住患处。宝宝呕吐时，要使宝宝的头部侧过来，以防呕吐物堵塞呼吸道。宝宝意识不清时，要让宝宝侧躺，使头部后仰，确保呼吸道畅通；同时解开宝宝衣服上的纽扣，避免衣服束缚身体；呼吸变弱时要对宝宝进行人工呼吸。当天不能给宝宝洗澡，也不能让宝宝进行剧烈运动；更不能让宝宝服用镇静剂药物，以免就医时难以诊断出宝宝的真实状况。

宝宝的头骨还很软，一旦向后滑倒、撞伤头部时，猛烈的撞击力道很可能引发脑震荡。撞伤头部时，如果出现伤口，应先用纱布止住受伤部位的血，然后涂上消毒液。如果出现肿包，可用冰块消肿，或枕着冰袋躺一段时间。

如果失去意识或呕吐

如果撞伤头部，就应该小心翼翼地观察宝宝的状态。宝宝撞伤后，如果身体抽筋，不断地哭闹，鼻子、耳朵、嘴巴出血，或暂时失去意识，就应该马上到附近的医院就诊。此时，必须用毛毯保持宝宝的体温。如果头部出现伤口，也应该缝合伤口。

撞伤头部后，即使没有任何异常症状，也应该观察 24 小时。如果突然沉睡（除了夜间睡觉外），昏迷不醒，或有呕吐症状，就应该马上到医院检查。受伤后，如果马上睡觉，也应该仔细检查宝宝的状态。

进停车位倒车，是另一个造成宝宝被撞、向后滑倒的危险源。不要让宝宝单独站在车道上，避免宝宝比你“先下车、后上车” 的情况出现。有些宝宝喜欢钻进停止的汽车下面，或突然从小巷子跑出。目前，倒车时撞伤宝宝的情况已经愈来愈多，父母要格外小心。

安全起见，停止洗澡一天

待宝宝不再号啕大哭，情绪也逐渐稳定之后，应注意是否有“内出血”的可能性。在这种情况下，如果帮宝宝洗澡，会加重出血。受重伤时，为防止伤口感染，最好避免洗澡。

以下情况尽快去急诊室

跌落在坚硬的地板上面；从桌面以上的高处跌落；跌落后不哭闹，只是失去意识后重新恢复知觉；由于呕吐、恶心、哭闹、痉挛、意识模糊等原因长时间昏睡；从耳朵和鼻孔里流出清澈的水；出现需要缝合的伤口；在头皮下方能摸到淤血块……如宝宝有以上情况发生，应尽快送医。

扭伤、骨折

应急处理

骨折时，宝宝会出现以下症状：①由于疼痛会大声地哭闹；②骨折部位红肿，而且有些变形；③由于内出血，皮肤会呈紫色；④不会使用骨折部位，动作会变得有些不自然。送医前，可用夹板固定骨折或脱臼部位，防止疼痛部位活动。固定时要防止木板过紧，如果疼痛部位不明确，就要用夹板固定整个四肢（手臂或腿）。用冰袋进行冰敷也可以暂时减缓疼痛。

千万不要以为会动就没有骨折，通常骨膜破裂或小部位的粉碎性骨折虽然很痛，但往往还能做些简单的动作。一旦宝宝摔倒、受伤，如果患处的形态、颜色发生改变，或宝宝明显无法动弹，则很有可能是骨折，应当在采取应急措施后立即送医。

应急法错误，小心伤势加剧

宝宝还不会说话时，如果出现以下症状，就可能是脱臼：第一，无力地下垂一只手臂。第二，吃饭时不能使用受伤的手臂。另外，发现骨头末端脱离关节的位置时，就是明显脱臼了；最常发生脱臼位置在肩膀、臀部、肘部、手指和膝盖骨。

如果盲目地固定骨折部位，或者用力活动骨折部位，反而会损伤神经或血管。在这种情况下，最好用木板固定骨折部位。一般来说，可用日常生活用品代替木板，像是格尺、杂志、筷子、木块、厚瓦楞纸箱等。去医院时，必须用绷带或胶带固定木板，以免活动骨折部位。如果宝宝的四肢比较瘦，可在夹板与身体间所产生的缝

隙塞入布或棉花，也可以用衣物充当填充物。

关节脱臼了，该怎么办

若是肘部或肩部脱臼，在去医院之前，必须用木板固定脱臼部位，然后用冰块或凉毛巾消肿。若是膝关节脱臼，可用枕头或抱枕垫在脱臼的部位，然后敷冰袋或凉毛巾。消肿或缓解疼痛后，马上到外科或整形外科治疗。如果伤及手腕或肘关节，可用三角巾将手臂固定到身前，然后马上送外科诊治。

- **固定木板的方法**

1. 膝盖：如果处于弯曲状态，就不要盲目地伸直膝盖，直接固定木板即可。

2. 手臂：先把木板固定在手臂上面，然后用绷带或三角巾固定在肩膀上面，以免手臂下垂。

3. 手指：利用木筷固定。

4. 腿部：同时固定脚踝和膝盖两个关节。

从高处摔下

应急处理

宝宝头部受伤时，可以采用滚木（Log Rolling）方法进行处理。这种方法是将宝宝放在地板上，像滚动物体一样移动宝宝的身体，这样就能最大幅度减少因颈部和脊椎部位产生的波及效果。如果手臂或腿浮肿严重，痛得不能触摸，有可能是骨折，应当先用夹板固定住患处；头部如有出血的情况，宝宝头部绝不能低于心脏位置，以免血液逆流聚集于头部，应采取横抱或竖抱方式，尽速送医。

宝宝从高处跌落后，如果在此之后的 2 ~ 3 天内没有任何异常状况，则可以安心。之后几天如果慢慢出现呕吐、跌落后晕厥、受到惊吓或哭泣不止的情况，就应当立即将其带往医院进行详细的 X 光检查或电脑断层扫描。

伴随出血情形的处理方法

指压受伤部位，或用力压住伤口和心脏之间的部位。如果鲜血继续从伤口大量地流出，就表示动脉受伤，因此要想办法止血。在这种情况下，可以使用压力，如用手指压住伤口周围或伤口与心脏之间的部位。停止出血后，应该马上叫救护车；松手后，如果又开始出血，就应该继续按下去。如果出血速度缓慢，就应该包扎伤口，然后紧紧地缠绕绷带。如果鲜血渗出绷带外面，不要解开绷带，在原来的绷带上面继续缠绕新的绷带。另外，不能随便移动受伤的宝宝。在这种情况下，应该尽量抬高伤口。

宝宝最常跌落的3个地点

· 门窗、桌椅

宝宝喜欢爬到门窗上面，所以最好安装护栏，以免宝宝跌落窗外。门窗则应加装固定扣环，防止宝宝自行开启、攀爬。另外，还要小心预防宝宝爬上家具的危险，椅脚、桌脚应采用固定式而非滚轮式。

· 台阶、床

宝宝容易从台阶上跌落。为了避免宝宝爬上台阶，最好在台阶下方安装单独门片。除检查台阶或婴儿床的边缘是否会造成宝宝撞伤，更要预防宝宝翻过床缘栅栏，从床上跌落。

· 婴儿车

外出时，应该系好婴儿车的安全带。让宝宝独自坐在婴儿车里面时，应该特别小心，宝宝有可能一不小心就会从婴儿车里滚下来撞伤头部。在车里，不能放菜篮之类的东西，以免压住宝宝。

烫伤

应急处理

出现烫伤时，应当先用冷水降温。最好转开水龙头持续冲洗患处，如果不方便时，可以将患处泡在冷水中降温。自行弄破水泡很容易引起感染，应让其自然消退。有1度烫伤或轻微的2度烫伤时，可以在患处降温后用涂有凡士林的纱布敷盖，或干脆不涂抹任何药物，任其自然恢复。水泡破裂后有感染的危险，应当消毒，消毒时可以采用对宝宝的娇嫩皮肤刺激较小的消毒水。

同样的温度，宝宝的烫伤往往比大人来得严重，甚至可能引发全身休克的症状。像晒伤一样，会有红肿痒痛情形的为1度烫伤；伤及皮肤脂肪层，而且生成水泡，则为2度烫伤；伤及皮下组织，可以看到皮肤以下的白肉，为3度烫伤。如果2度烫伤范围较大，或者有3度烫伤的情况，最明智的做法就是做完“冲、脱、泡、盖”4个步骤之后直接送医。

能防则防的烧烫伤危“肌”

当宝宝的小手抓住通电的电器时，手部就容易烧伤，一旦电流进入宝宝的手部，宝宝就很难松手。尤其是扇叶型的电暖器或熨斗，都是非常危险的家电，一不小心碰触，很容易就灼伤了。

基本上，因热开水或蒸汽所造成的烫伤意外比因火引起的烧伤还多，所以家长喝热饮或热汤时，一定要特别避免宝宝近身抓扯杯碗。此外，在厨房烹饪时，要把所有锅具、餐具的手柄朝向里面；餐桌上避免使用桌布，滚烫的食物要远离桌边缘，餐桌本身结构要稳固、不

能晃动。帮宝宝洗澡、往浴缸里倒水时，最好使用定温龙头，或先放冷水再加热水，避免瞬间高温而被烫伤。

不小心烫伤了，该怎么办

千万不能弄破或挤水泡。不能用钢针弄破水泡，也不能挤出脓水，以免留下疤痕或感染，最好用清洁的纱布包裹后直接到医院接受治疗。别听信偏方，以为可以涂抹酱油、味噌或香油，这种疗法容易导致皮肤溃烂，反而不利于治疗。

在穿衣服的状态下，被开水烫伤时，应先用凉水降温，然后用剪刀剪开衣服。若烫伤部位在手脚四肢、头部或脸部时，可用手洒水，或用莲蓬头直接以冷水降温；局部如眼睛、耳朵、鼻子周围的小面积烫伤，可用毛巾包裹住冰袋（或用塑料袋装冰块）加强降温效果。如果烫伤面积较大，可直接让宝宝浸泡在装有冷水的浴缸里面，泡 15 ~ 20 分钟，也能有效缓解疼痛。

流鼻血

应急处理

在仰卧状态下，可用手指捏住宝宝鼻孔上方，然后按压15分钟左右。或让宝宝坐立，然后用手捏住流血的鼻子片刻。止住血后，将面纸或脱脂棉花剪成细长条状，堵住鼻孔。如果经过5分钟鼻血仍未止住，再让宝宝仰卧，然后用浸湿的毛巾擦拭额头到鼻子之间的部分，降温后让宝宝静静地躺30分钟左右。切记，为了止住鼻血而去拍打宝宝后颈窝的做法是毫无效果的。

宝宝摔倒后经常会流鼻血。鼻子的入口分布着密集的微血管，因此当宝宝经常抠鼻子或鼻子充血时，都会流鼻血。

什么情况下需要送医

跌落或受撞击时可能会流鼻血，不过也有些宝宝天生就容易流鼻血。

如果宝宝是因摔倒而流鼻血的，爸爸妈妈先不必惊慌，只要逗弄宝宝并止住鼻血，就没有太大的问题。如果是从微血管中流出鼻血，则要用止血方法进行止血。如果采用了止血方法，经过30分钟仍无法止住，就有可能是血管受损，此时应当立即去医院。除此之外，每天流3次以上鼻血时，也要接受医生的诊断。

鼻血量略大时，应该让宝宝平躺在地板上。此时，不能向后仰头，应该按住鼻孔上方，然后按压10 ~ 15分钟。如果让宝宝受到惊吓，可能会伴随哭泣而吞下鼻血，因此要先稳定宝宝的情绪。此外，若是因为撞到头部而流鼻血，则须马上就医诊治。

止住鼻血的关键六步骤

一般情况下，2 ~ 10 岁的宝宝很容易流鼻血。当宝宝流鼻血时，妈妈首先要保持沉着，如果妈妈紧张，宝宝就更容易不安。稳住宝宝的情绪后，就可以开始着手进行以下 6 个“止鼻血”步骤：

1. 把宝宝放在膝盖上面，然后“向前”稍微倾斜头部。有些妈妈认为应该向后倾斜头部，这是错误的常识。

2. 张开宝宝嘴，引导宝宝用嘴呼吸，然后用拇指和食指捏住鼻子的软骨部位。如果 10 分钟后依然流鼻血，那就应该继续捏 10 分钟左右。

3. 让宝宝吐出嘴里的鼻血。

4. 捏鼻子的同时，应该擦拭嘴和鼻子周围的血，并用凉毛巾擦拭脸部，尽量降低鼻子周围的温度。

5. 流鼻血后，最好喝冷饮。此外，避免猛烈地擤鼻涕或打喷嚏。

6. 如果继续流鼻血，或伴随着呕吐、高烧等症状，就应该到附近的医院接受检查。

舔干电池（化学物品意外）

应急处理

如果宝宝已经吞下这些可能有毒的化学物品，在不确定会不会灼伤喉咙或食道的情况下，一定要立刻送医，切勿自行催吐。基本上，如果吞下的是酸性物质，可喝牛奶或蛋白；若吞下的是碱性物质，可以喝下稀释 3 ~ 4 倍的醋，减少毒物吸收；如果吞的是石油、挥发油、农药，则不能催吐，一方面可能在吐出时让液体侵入气管而窒息，另一方面可能在催吐过渡中再次伤及食道，导致溃烂。

房间里随意摆放的干电池或闹钟里的干电池，是宝宝最容易入手且往嘴里塞的小东西。此外，还有手机的充电器，宝宝也常一抓到手，就立刻放到嘴里舔，所以一定要格外小心。如果只是吸吮干电池倒无大碍，但如果整个吞咽，就容易发生危险。尤其是纽扣型锂电池，非常容易堵塞食道，用完应当将之丢弃或放到宝宝拿不到的地方。

毒性较强的生活用品

当宝宝偷吃苯、稀释剂、杀虫剂、冰醋酸、水银、指甲油、染色药、烫发药、氢氧化钠等强烈毒性的物质时，如果催吐，容易伤及食道。因此，绝对不能催吐。要给宝宝喂水或牛奶，尽量延迟毒性物质被血液吸收，然后立即去医院。

樟脑丸或酱油

吞食樟脑丸或酱油时，如果为了催吐而喂牛奶，胃内将发生化学作用，正确的做法是喂温热的盐水催吐。

有毒的家具、家饰涂装染剂

不使用含铅的涂料涂刷家具或玩具，为了宝宝的安全，最好清除房子周围的所有有毒化学物质。另外，最近出现了很多含有有毒化学物质的餐具，因此也要慎重地选择餐具。

处方药

很多宝宝吃的药品的外形类似饼干。其中，铁剂的形状最容易让人误解，药品厂商既要考虑药品成分，又要考虑宝宝的口味，因此这种药物很能吸引宝宝的目光，平时必须把药物放在宝宝拿不着的地方。另外，要把药丸放在药瓶内保存。成年人常用的药品中，最不利于宝宝的药品就是阿司匹林和铁剂，如果宝宝大量摄取这些药品，就应该马上到医院接受治疗。

异物卡住喉咙

应急处理

先查看食物或周围的物品，了解宝宝吞食了何物，然后立即采取措施。当宝宝吞食糖果、硬币等导致呼吸道堵塞时，可以将宝宝倒置，轻轻拍打背部或将食指探入宝宝喉咙中催吐；也可以利用真空吸尘器的细管吸出堵塞物。如果尝试过多种方法之后仍无法取出堵塞物，就应当立即动身去医院。如果堵塞物是糕饼等柔软的物品，应先使宝宝侧躺，然后将食指和中指探入喉咙中，取出物品。

比起完全吞下而不自知的情况，异物卡在宝宝喉咙的情况会很明显，看宝宝的表情动作和呼吸道顺畅与否，就可以明显辨别。除了脸色涨红、发青，如果宝宝突然翻动眼球或出现呼吸困难的症状，就应检查喉咙内是否“卡”有杂质。另外，像是反复不停的剧烈咳嗽或是声音沙哑时，也有可能是异物已经进入气管了，若没有及时处理，很可能会引发窒息或肺部功能障碍。

敲背法

如果在吃饭时突然窒息，或喉咙、呼吸道被异物堵塞，就应该抓住宝宝的双腿倒立，然后轻轻拍打后背。如果担心直接拉住双脚倒立，可能造成宝宝骨折，可一只从宝宝背部和两腿之间穿过，让妈妈的掌心虎口托住宝宝下巴和颈部位置；然后直接把上身前倾朝下，另一只手扶在宝宝背部肩胛骨，用力敲扣背部。如果宝宝的月龄较大，也可以让宝宝向前弯曲，或者让宝宝趴在父母的膝盖上面，然后头部朝向下方，这样比较容易吐出异物。

勒紧法

第二种方法是勒紧法，算是宝宝版的“哈姆立克急救法”。让宝宝背部贴住妈妈肚子，妈妈以双臂环抱着宝宝，一手握拳，然后另一只手抱住握拳的这只手，使力勒紧宝宝的腹部上方。要诀是由按在腹部的拳头要用力往宝宝的心窝与肚脐中间位置勒紧，反复多按几次。

当宝宝吞下的是大块状的物体时，就不能直接用手拿出。如果以上急救方法都无效，就应该马上到医院治疗。以上方法可行的话，继续让宝宝吐出异物；如果宝宝停止呼吸，就应该进行人工呼吸。

这时候，不能拍敲背部

脸色突然发青时，代表塞住的异物可能已经到了气管，这时若再敲击背部，反而会让异物进入声门，造成窒息，应立即送往耳鼻喉科处理。

吞下异物

应急处理

首先要确认吞下的异物是哪一种？先把宝宝放在膝盖上面，然后用拇指和食指抓住宝宝的两腮，强迫宝宝张嘴。除非异物很小，否则很快就能看到异物；在张嘴的状态下，首先要闻气味，然后观察宝宝的呼吸状态和痉挛状态。如果不具毒性、腐蚀性，也不是尖锐型物品，可在喂给宝宝牛奶或大量开水之后，以手指伸入宝宝喉咙，帮助他顺利地吐出异物。

最可怕的情况是，不知道宝宝究竟有没有吞下不该吞的东西，如果遗失物是小东西，或前端较不尖锐的物品，可以等宝宝自行排出；但若是长达 5 厘米以上的长型物品，或是过了几天后仍没有随粪便排出，有可能是卡在食道的狭窄部位，必须尽快就医。没有立即取出时，短时间内宝宝并不会觉得不舒服，可是等到日子一久，异物周围开始会长出小肉芽，或异物长期在该部位上上下下移动，会伤害附近的气管，造成局部发炎现象。

宝宝最爱“尝”试的危险小物

正值口腔期的宝宝，最喜欢把小东西塞进嘴里，因此像是珠子、石头、坚果等小东西，应该放在宝宝看不到的地方；另外，还要注意别针、发夹、纽扣、玻璃球、能粘贴的玩具动物眼睛，都是宝宝最爱“尝”试的漂亮小东西。

虽然宝宝很容易吞下异物，但从另一方面来说，也很容易跟大便一起排出体外，因此不用过于担心。除非宝宝吞下的是药品或别针等

锋利物品，才须要马上到医院救治。

吐与不吐，第一步该怎么做

根据异物的特性，有时候需要让宝宝吐出，有时则不能让宝宝吐出，可以依据以下情况判断：

· 可以用牛奶或水诱导吐出的情况——吞下清洁液、香皂、柔软精、洗发精、沐浴露、化妆水、香烟时，可以利用牛奶或水让宝宝吐出异物。

· 能喂食牛奶或水，但是不能吐出的情况——吞下脱水剂、漂白粉、合成树脂、去污剂时，可以喂食牛奶或水，但是不能让宝宝吐出异物。

· 不能喂任何食物，也不能让宝宝吐出异物的情况——吞下指甲油、苯、盐酸、鞋油、杀虫剂、碱性电池、玻璃片、针、金属块时，不能喂食任何食物，也不能让宝宝吐出异物。

噎到、呛到

应急处理

先安抚宝宝情绪，妈妈自己绝对不能表现出惊慌失措的样子。如果宝宝咳嗽的同时，哭声和呼吸的间隔也还算正常，喉咙部位呛到食物时，可以诱导宝宝把食物吐出来。比较需要担心的是食物掉到气管里，一旦出现呼吸不顺或是意识不清的情况，要先让宝宝平躺，然后赶快打120，接着腹部用力按压6～10次，直到异物移除。如果宝宝出现休克的情况，就要马上开始心肺复苏术。

喂宝宝喝奶时，如果把奶瓶放在支架上面，牛奶容易进入肺部，导致窒息或感染。在宝宝可以吃固态食品之前，不能让宝宝自己进食。尤其是像花生等坚果类，坚硬的小食品特别危险，这些食物容易进入呼吸道，因此会严重地伤害肺部。

当食物进到喉咙、气管或支气管，造成阻塞时，就会引发噎到或呛到的不适症状。宝宝被呛到时，一开始会出现咳嗽、声音沙哑、呼吸急促、脸色发青、意识不清等情况。之后可能并发的后遗症则包括：吸入性肺炎、肺塌陷、缺氧性脑病变，甚至有可能因为呼吸困难引起死亡。

安全度过“离乳食品”适应期

当开始给宝宝喂食离乳食品时，由于口感不同于以往，即使绞得再软、再烂，吞咽功能还没发育完成的小宝宝也很容易被呛到。建议不要一次喂太多，先试着喂一小匙即可；食物的浓度也要由最没有味道、最清淡的米汤开始。

如果担心宝宝被汤汤水水呛到，一开始要先均匀地捣碎食品，并用过滤网去掉颗粒，然后添加肉汤，制作稀释的营养粥。不要用大人的味觉来处理宝宝的离乳食品，也不用太注意口感，先喂米粥，然后再逐渐添加蔬菜或肉等材料。

如何防止宝宝被食物呛到

1. 不要接触太硬、没有切成小块的食物。
2. 避免口味太重的食物，如太甜、太辣、太咸、太酸的食物。
3. 吃东西的时候，让宝宝坐在椅子上，不要让他跑来跑去。
4. 控制宝宝进食的速度和每一口的分量，不能太快、太多。
5. 食物造型不要和玩具太过类似，以免宝宝混淆。
6. 不要让宝宝直接抱着含有小玩具的袋装零食一个人独食。
7. 吃东西时，最好要有大人陪伴在旁，但不能一面进食，一面和宝宝玩。

撞伤牙齿或口腔

应急处理

宝宝摔倒时，如果口中不小心吞入泥土或沙子，应当将消毒棉浸入水中，然后伸进宝宝口中把体积较大的脏东西擦干净；如果宝宝已经学会漱口了，可以教他自己把异物吐出来。此外，如果口腔内有伤口时，应让宝宝咬住纱布，或由大人为其按压流血的部位止血；若只是轻微的擦伤或咬伤，可以在止血后继续观察。记住，伤口愈合之前，要尽量喂宝宝吃些刺激性较低的食物。

每个宝宝长牙的时间并不相同，有的3个月大就开始长牙，也有宝宝是在1岁之后才开始长牙，不过，基本上平均6～8个月大的宝宝就会冒出小小短短的可爱乳牙。长牙期的宝宝，情绪本来就会变得比较容易哭闹，如果再不小心因为跌倒而碰伤牙齿及口腔，痛感会更强烈，安抚起来也更需要花点心力。

口腔内的伤口怎么处理

摔倒后导致牙齿碎裂或口腔受伤的意外时有发生。口腔受伤后，会流很多血，但伤口却比其他部位恢复得快。不过，摔倒时如果碰到筷子等锐利的物品则会造成严重的事故，应特别注意。

摔倒时如果牙床或嘴唇被撕裂，应当用经过消毒处理的纱布止血后去医院治疗。嘴唇因擦伤和淤伤而浮肿时，不必过分担心。如果宝宝持续疼痛或无法吃进食物，应尽早接受医生的诊断。伤及牙齿时，如果受伤的牙齿没有其他异常，也没有牙床出血等症状，那么就不必过分担心。当然，最好还是接受牙科医生的检查。

宝宝嘴痛，不想吃东西时

食物一定要放凉再喂。受伤初期，宝宝的口腔黏膜会因为擦药的关系而变得苦涩、微微灼热，会让宝宝食欲降低。这时候，口味太重或太淡的食物宝宝都不会喜欢；大部分的医师都会建议爸爸妈妈，可以喂些冰淇淋、布丁或果冻，一来可以补充热量，二来也能降低口内的不适感。

不要在擦过药之后马上进食，以免药物还没完全吸收就伴随食物被一起吞下肚；同时，切忌在副食品中加入颗粒较大、需要用力咬合的食物，以免宝宝在咀嚼时摩擦到牙床上的伤口，增加再次破皮、流血的危险。

胸部或腰部受伤

应急处理

首先，将宝宝身上的衣服解开，让他能轻松地呼吸，可帮助宝宝进入睡眠，并在一旁观察。如果碰撞到胸部，应当略微竖起宝宝的上半身，然后用湿毛巾擦拭。如果碰伤较重，就有可能引起暂时性休克。当出现意识混乱、呼吸困难、脉搏变弱、脸色发青等症状时，应当立即呼叫救护车。尤其是碰到胸部时，如果每次深呼吸或咳嗽都伴有疼痛，就应当立即对宝宝进行精密检查。

通常，来自正面的撞击才会让宝宝的胸部和腰部受伤。除了学步期阶段可能因为发生交通事故或不慎被急行的大人撞倒之外，直接撞伤胸部或腰部的情况并不多见。

胸腹、腰侧的止血方法

如果发现胸腹或腰侧因为撞击力道过大，而有淤血、出血的情况发生，第一步应该先用纱布止血，然后涂上消毒液，并用胶带固定纱布。

如果宝宝仍然继续严重哭闹，或开始出现呼吸困难，甚至脸色苍白的情况，就应该马上到医院就诊。赴医院途中，必须解开宝宝衣服纽扣，盖上保暖的毛巾被，然后保持侧卧姿势。

比较值得担心的是内出血的情况，由于宝宝的胸骨还很软，保护内脏的能力有限，即使外部只有淤青而没有出血情况，内脏也有可能因为肋骨断裂而造成穿刺伤。对此种突发情况，一定要特别小心，可采用抚摸方式检查一下肋骨是否有局部凹陷、不对称的情况。

宝宝失去意识了

如果宝宝在送医过程中出现休克的情况，则应立刻让宝宝的头部维持侧转的姿势；在找出失去意识的原因之前，应该防止宝宝因呕吐物而发生窒息；另外，手脚要朝向相同方向，这样有助于恢复意识，这种姿势还能防止呕吐物进入鼻腔。

意识模糊和打瞌睡是完全不同的状况，而且出现的症状也不同。失去意识时，呼吸量不稳定，因此容易打呼，这一点，爸爸妈妈千万不能错判。记住一点，只要同时撞到胸腹部和腰部，就要直接送医院。

通常，从高处或台阶滚落造成的胸、腹、腰撞伤，可能还会伴随头部撞击。如果无法判定宝宝只是打瞌睡，或处于失去意识的状态下，可试着摇晃宝宝，如果不能马上苏醒，极可能是失去意识的状态；尤其宝宝不能完全苏醒或过很久之后才清醒，这两种情况会比较危险，一定要立刻到医院进行更精密而准确的检查。

掉入浴盆（耳鼻口进水、溺水）

应急处理

宝宝溺水时，保持呼吸顺畅与干燥温暖很重要。记住，进入气管中的水才会造成窒息，胃中的水并不会。这种应急措施要在事故发生后的10分钟之内进行。溺水后可能会有感冒或引起肺炎的情况，建议求助医生。宝宝没有意识时，如果口中有泥沙等异物，要先进行催吐；月龄稍大的宝宝，可让他俯卧在大人膝盖上，轻拍其背部催吐，并尽快实施人工呼吸，就医途中则需不断进行心脏按压。

宝宝不慎掉入浴盆，呛一两口水不会有什么大碍。如果掉入水中后呆滞或显得困倦，连续轻晃其身体时都没有反应，精神萎靡，脸色苍白，就应当立即送往医院。

人工呼吸：罩住幼儿口鼻

宝宝溺水时，可能会造成肺部进水或呕吐物堵住气管的情况。尤其当宝宝失去意识已有一段时间时，先别急着让他“吐水”，尽快让他恢复呼吸，才是进行急救的第一要务。

步骤如下：①使宝宝仰卧，向前将宝宝的下巴往下拉，敞开呼吸道；脖颈处可以垫枕头或衣物。②一只手轻轻地拨开宝宝的嘴，另一只手捏住宝宝的鼻子；口中有异物时，可用纱布擦净。③深深地吸气，然后对准宝宝的嘴，向里吹气；如果宝宝还在哺乳期，大人的嘴应当同时覆盖宝宝的嘴和鼻子；吹气力道不能太大，以免贯穿肺部。④吹气之后，大人把嘴挪开，同时放松捏鼻子的手；以1分钟约30次的速度有规律地操作，直到恢复呼吸。

心脏按压：两指与掌心

如果发现宝宝心脏停止跳动了，则需进行心脏按压。不过，因为宝宝的胸肋骨还很软，按摩的位置和力道都要特别注意。进行心脏按压时，按压的部位是连接左右乳头的中心点。新生儿要用“食指和中指”这两个手指；如果是稍大一点的宝宝，可用单手压迫法，以掌心右下方的掌肉用力按压。每分钟按压 60 ~ 80 次，连续进行。如果须与人工呼吸合并施救，建议以心脏按压 5 次、人工呼吸 2 ~ 3 次的方式交替进行。

危险地：浴盆、鱼池、游泳池

浴盆是其一，建议使用婴幼儿专用的防滑浴盆。另外，帮宝宝洗澡时，绝不能分心或中途离开去做别的事，如接电话、开门、煮饭等。另外，如果家里设有鱼池或荷花池，一定不能让宝宝单独在附近玩耍。想与宝宝一起泡澡或戏水时，请记得帮宝宝套上泳圈或救生衣。

眼中掉进异物

应急处理

如果有东西进入宝宝的眼里，要让宝宝频繁地眨眼，流出眼泪。若要查看眼睑内侧是否有异物，让宝宝眼睛向上看，或用棉棒撑起眼睑，然后像卷起眼睑一样向上翻。如果发现异物，可以用干净毛巾的边缘或棉棒沾出来。此外，还可以让宝宝睁着眼睛，倒入少量生理盐水将异物冲出来。如果异物已刺入眼中，不要采取任何应急措施，用手帕或绷带盖住宝宝眼睛，即刻送医。

如果眼睛受伤，就应该马上到医院检查。有害液体进入眼睛里时，应该用流动的凉开水或生理盐水冲洗干净，如果放任宝宝不停地揉眼睛会损伤角膜。

不论异物为何，先冲凉开水就对了

发现宝宝猛揉眼睛，并开始哭泣时，要先辨别入侵眼睛的“异物”是单纯的灰尘沙土、毛发、毛屑，还是化学性物质。不论是哪一种，先用干净的凉开水清洗眼睛准没错！可以用流动的水清洗 10 分钟以上，或用淋浴莲蓬头冲洗亦可。

尤其是宝宝因为不小心触摸到热油、酸性或碱性的药品、杀虫剂、清洁剂，且不注意把它们揉进眼部黏膜组织时，一定会引发不适的反应。当发生时，要先防止宝宝再用手去揉眼睛，直接用大量清水或开水冲洗眼睛，再用手帕或绷带轻轻覆盖眼睛，紧急送医。

眼睑卡住东西时

为了防止宝宝揉眼睛，必须抓住宝宝的双手，然后轻轻地压住眼睑，使宝宝流眼泪。如果异物是卡在上眼睑，可反复捏着“上眼睑”去叠在“下眼睑”上，让异物移到下眼睑来，可以看见异物为何，也较容易冲洗出来。

如果下眼睑有异物时，可直接将下眼睑翻开，略为大型又只有一个异物时，可用消毒纱布或棉棒沾点凉开水，轻轻“沾”出来；可以用水壶冲洗眼睛，或者滴入眼药水，让宝宝透过流眼泪的动作自行排出异物。

眼睛有伤口时

当有异物刺伤眼球或在眼睑内留下伤口时，就先别冲水了！如果异物深深地刺入眼睛中，爸爸妈妈别试着自行急着“拔出”异物，而应先固定宝宝小手，避免宝宝揉眼的动作，然后用手帕或绷带盖住伤口，直接到医院的急诊室进行处理。

耳内掉进异物

应急处理

先辨别造成宝宝耳朵不适的罪魁祸首为何？碍于小宝宝的表达能力有限，这时可用手电筒先从外耳看看耳朵里是否有异物。由于耳道的结构非常弯曲而复杂，当有异物跑到宝宝耳朵里面时，先不要试着用掏耳棒或棉棒自行取出。如果很难清除耳朵里的异物，就不要强行取出，因为施力不当、角度不对，反而会让异物从外耳道掉进更里面的位置，造成感染或发炎，最好马上到耳鼻喉科治疗。

如果正常的宝宝突然哭闹不停，出现抓耳朵、揉耳朵的动作，就表示耳朵里有可能跑进异物了。在这种情况下，必须马上采取应急措施。针对不同类型的异物“入侵”，紧急处理的方式也略有不同。

掉入物：固体、液体、小虫

如果判定耳朵里掉进的是豆类、小珠珠等固体状的异物时，可由父母中一人牢固地抓住宝宝手足，然后用掏耳棒掏出异物。注意，进行掏耳动作时宝宝动身体会很危险，担心自己的手不够巧，最好还是交由专业的耳鼻喉医师。

如果从耳外明显发现是蚂蚁等小虫爬进宝宝耳朵里了，用手电筒照耳朵，引导小虫爬出耳朵，或是向耳朵里滴入橄榄油，淹死小虫后，倾斜宝宝身体，让虫尸顺着耳道流出耳外，或用镊子夹出。

如果宝宝耳朵只是单纯进水了，让进水一侧的耳朵朝下，只要倾斜宝宝头部，液体就会自然地流出。待液体全部流出后，再用棉花棒拭净耳朵即可。

确认紧急事故的联络处

宝宝耳朵跑进异物，虽没有立即陷入生命危险，但对容易紧张的新手爸妈来说，总是难以放下心来。尤其遇上假日时，专门科别的医院诊所都处于停诊的状态，只能送急诊室。建议新手爸妈在宝宝出生之前，可以先建立自家附近的专科医生数据库，像是小儿科、耳鼻喉科、皮肤科、内科、外科等，将其制成电话簿或输入随身携带的手机里。

遇有突发性的紧急情况时，可在尚未到达医院或诊所之前，先以电话询问正确的急救方式，按指示施救。当然，别忘了将宝宝的医保卡、就诊卡等，放在同一个“妈妈包”里，急着就医时才不会忘了带，当然，如果能顺便带上几块尿片、喝水用的瓶子会更好。个性容易慌乱的爸妈，可将宝宝的不适反应做成笔记，以免医师询问时出现“忘了说”的情况。

鼻孔塞进异物

应急处理

当鼻腔内进入异物时，可以先用手电筒照一下，看看异物大小，有时按按鼻腔，压住没有异物的那一侧鼻孔，或使用卫生纸捻成条状，刺激鼻子，再让宝宝“边哼边蹭”一下，异物就会随着喷嚏排出。如果宝宝月龄稍微大，可试着用镊子伸入鼻腔取出异物，但如果东西是会滚动或爬动的生物，建议最好还是到医院处理，因为让宝宝用力擤鼻子，反而会用力吸气，增加治疗的困难。

迈入感官知觉统合期的宝宝，对所有可见物质都会很好奇，不但会摸摸拍拍，更喜欢把异物放入嘴巴、耳朵、鼻子等“有洞”的部位。因此在宝宝伸手可及的活动范围内，一定要事先清除纽扣、针、珠子、钥匙、花生、烟蒂等“鼻孔”里可能塞得下的危险物品。

发现宝宝鼻子里有异物时，可用手堵住没有进入异物的鼻孔，教导宝宝用力擤出鼻涕，或将卫生纸捻成纸条或纸片刺激鼻孔，引导宝宝打喷嚏，让异物顺利排出。

以下这些东西不要自行取出

在大部分的情况下，只要异物的体积够大，能塞得进去，通常就取得出来。比较需要担心的是圆球状、体积太小的物品，或是小虫类的生物。因为耳鼻喉这三个部位是相通的，一不小心，很可能就会从鼻道掉入耳腔或喉腔，造成堵塞与不适感。

尤其是烹煮过的豆类或其他食物，一旦在鼻腔内吸饱水分，体积变得更大、更软，勉强用镊子去夹取，可能造成食物碎裂，变得更难

取出，甚至因为体积变小了而滑入咽喉、气管，让宝宝噎到或呛到；但也不能就此放任不理，一定要寻求专业的耳鼻喉科医师协助，以免引起发炎。

面对好奇宝宝的基本态度

面对宝宝的“探索”热忱，绝不能用责骂的方式对待。像这种只是鼻孔塞进异物的小事，对宝宝而言，有时并不会有太严重的疼痛感，不值得爸妈过度紧张，以免宝宝以为这个动作可以吸引爸妈注意，觉得很有趣，而一犯再犯。

事件发生时，安抚宝宝情绪要用温柔和鼓励的方式，例如：“很不舒服吧？”“忍耐一下喔，不要哭，等下就拿出来了。”“嗯，没问题了！”不要打骂，因为这么小的宝宝其实不是很理解发生了什么事情，解除警报之后，再把“祸首”拿给他看，跟他慢慢解释为什么会发生让他“痛痛”“哭哭”的情况。

蚊虫叮咬

应急处理

被蜜蜂、蚊子、跳蚤等叮咬后，叮咬处即刻就会肿起，并伴随有严重的瘙痒。如果宝宝不会用手去抠，会在几小时内恢复，最长也不会超过2天。但如果宝宝已经用手抓到破皮，甚至出现化脓的情况，就会有伤口感染的危险，这时就不要试图在家中解决问题，应当将宝宝带到医院外科接受治疗处理，一来可以避免感染、发炎，二来通过正确的治疗过程也能避免留下疤痕。

第一时间若不能判别叮咬的虫类是哪一种，在冲完冷开水，并以稀释过的氨水涂抹伤口之后，可先观察一段时间，看看红肿的情况，再决定要不要送医。不过，有的宝宝对蜂液过敏，如果是第一次被蜜蜂咬，建议先送医处理，以免引发休克。

蜂、蛾刺伤，虫虫咬伤

宝宝被蚊子等小虫叮咬属于寻常的情况，有的宝宝会哭，有的不会。如果爸妈发现有蚊虫叮咬的痕迹，止痒方式是先帮伤口降温，可用流动的冷水冲洗，或在伤口涂抹抗组织胺剂或副肾皮质荷尔蒙；如果宝宝痒痛难耐，一直想去抓时，可以敷冷毛巾，减缓痒感。

当宝宝不慎被蜜蜂蜇伤时，要先检视蜂针是否还留在皮肤表面，如果有，要用镊子拔出蜂针，然后用嘴吸出蜂毒，再涂抹1%～5%的氨水。经过一段时间，再抹上含有抗组织胺剂或副肾皮质荷尔蒙的药膏。如果是被毒蛾咬伤，可先用肥皂水清洗，再按处理蜂螯的方式进行紧急护理。如果没有消肿的迹象，或宝宝出现发烧、呼吸不顺的情形时，一

定要送医。

叮咬后应该担心的症状

原因不明的红肿，是最让父母担心的情况。夏天一到，蚂蚁、蟑螂、跳蚤……都可能咬伤宝宝。有些宝宝属于过敏体质，才咬一口，可能就肿了一个大包，甚至出现呼吸困难、休克的情况，这时一定要马上送医。

就算红肿已经消了，来自病媒蚊可能发生的登革热、脑炎及其他传染性疾病，也是父母要特别留意的情况，时时观察宝宝的全身状态。宝宝不舒服时的第一个反应就是“哭”，从哭泣的音量和表情就能发现宝宝是否与平日不同。

每天量体温，注意宝宝是否情绪不佳、动作不灵活、食欲不振、眼神呆滞、无精打采、哭个不停、脸色欠佳，如果出现发烧、呼吸不顺、脉搏减弱、持续呕吐的情况时，一定要赶紧到医院进行筛检。

中暑

应急处理

出现中暑情况的宝宝，汗腺无法发挥正常功能，会出现40℃左右的高烧，无汗水，皮肤干燥发烫；宝宝的脉搏会变快，显得困倦，逐渐精神混沌，失去意识。这时，应当先脱掉宝宝的衣服，将双脚略微抬高，让宝宝在凉爽处休息，用温毛巾擦拭其全身。打开窗户，使房间内保持清爽，在1升水中放入1茶匙食盐，让宝宝尽可能地多喝。每30分钟测量一次体温，以确保体温在下降。

如果长时间照射强烈的阳光，身体的体温调节系统将遭到破坏，容易罹患热射病。尤其是低月龄的宝宝，因为尚未熟悉太阳光，所以很容易患日射病或热射病。

什么是日射病、热射病

按中医分类，通常会将“中暑”区分为热痉挛、热衰竭、日射病和热射病4种类型。“日射病”的症状特色，是因为长时间待在大太阳底下直接曝晒，由于阳光是直接照射头皮，容易造成脑组织充血、水肿，一开始最先感觉到的不舒服症状是剧烈头痛、恶心呕吐、烦躁不安，如果没有马上获得舒缓，随之而来的就是昏迷及抽搐。

另一种不是经由阳光曝晒所致，但却同样是因为长时间处于高温环境下所引发的中暑症状就是“热射病”，因为身体产热过多，但散热不足，导致体温急剧升高。发病初期先是狂冒冷汗，然后开始不流汗，呼吸变浅且快，宝宝情绪会躁动不安，紧接着开始出现神志模糊、血压下降的情况，甚至引发四肢抽搐的情形，最严重者可能导致脑水

肿、肺水肿、心力衰竭等。

三步骤：降温→喝水→舒缓

如果症状类似于热射病，应当先脱掉宝宝的衣服，让宝宝在凉爽处休息，在额头上放置冰袋，让宝宝喝大量的冷开水，并补充适当的盐分，避免血液中氯化钠浓度急速降低，造成肌肉突然出现阵发性的热痉挛；同时用温毛巾对全身进行按摩。

护理期间要不断地检查体温，如果高烧仍长时间不退，应及时拨打 120 急救电话或到就近的医院进行治疗。

其实，宝宝在剧烈运动之后，身体温度也常会超过 38℃，但这是不同于日射病的暂时现象，很快会恢复正常体温。只要在造成抽搐、痉挛、昏迷之前适时采取应急措施，中暑症状很快就会获得缓解。

晒伤

应急处理

宝宝的肌肤比大人更为娇嫩细致，被阳光灼伤后，皮肤会变红，触摸时有疼痛感，严重时会出现水泡，伴有瘙痒症状和脱皮。治疗时，可以先涂抹镇静皮肤的乳液，或敷裹冷湿布，以减轻瘙痒症状。在室内时，要脱下宝宝衣服，让晒伤部位接触空气；在户外则要遮住晒伤部位。晒伤后的48小时之内，尽量不要再晒到太阳，如果皮肤上长出水泡或宝宝出现发烧等异状，应即刻送医。

如果被阳光灼伤，出现呕吐或发烧等症状，就应该到医院诊治。在灼伤部位完全恢复之前，必须细心地治疗，以舒缓宝宝皮肤灼热感为第一要务，并注意体温的变化；开始进入脱皮期时，如果担心宝宝会去撕扯表皮，可抹些具有镇静消炎作用的乳液。

专用防晒品 + 定时补抹

烈日高挂时，如果有长时间待在室外的计划，为防止宝宝肌肤被阳光灼伤，最好让宝宝穿上轻薄、宽松的长袖衣服，脸和脖颈要涂抹足量的防晒品，并给宝宝戴上宽沿帽子。

请使用专为宝宝设计的防晒产品，不管是喷的、抹的，都应以质地轻盈不会对宝宝肌肤造成负担为原则；防晒系数必须涵盖 UVA 及 UVB，SPF 值以 10 ~ 30 为宜，涂抹时不要忘了鼻子和嘴唇；另有针对头发及嘴唇设计的防晒产品，也可以分区使用。戏水时间的安排，最好每次增加 10 分钟，使皮肤逐渐习惯阳光。每隔 2 小时最好再补抹一次防晒品；如果宝宝已经下过水了，上岸之后，一定要再立刻补

抹。中午到下午 2 ~ 3 点是一天中紫外线最强的时间，这段时间最好不要在太阳下待着。

宝宝可以做日光浴吗

适度接触阳光可以增强宝宝的免疫力。让宝宝陪大人做日光浴时，必须遵守以下注意事项：宝宝的皮肤很娇嫩，因此容易被阳光灼伤，每天最好不要晒超过 30 分钟。气温超过 35℃时，不宜让宝宝进行日光浴；如果是第一次做日光浴的宝宝，第一天最好不要晒超过 15 分钟，之后再逐渐增加日光浴的时间。

不同于大人在涂完防晒品之后就可以放任肌肤接受阳光洗礼的情形，宝宝的肌肤比较细嫩，除了必须涂上防晒系数足够的防晒品，一定要避开阳光直射的时段，外面最好再套上一件轻薄透气的衣服，并戴上宽帽缘的帽子，以免因为体温快速升高而中暑。

窒息意外

应急处理

不同于误食、口鼻噎到或呛到的窒息意外，大部分因为“闷住”而引发的窒息，只要发现宝宝没了心跳、胸部没有起伏的情形，一定要立刻先施行人工呼吸和心脏按压急救，并打120急救电话。大部分的窒息意外通常无法判定宝宝究竟失去心跳和呼吸多久，这时，爸妈绝对不能慌了手脚，在等待救护车或前往医院途中，请以心脏按压5次、人工呼吸2～3次的方式交替、合并施救。

日常生活中，可能造成宝宝窒息的因素太多，被食物或玩具噎到，滑进澡盆、水池或被塑料袋、窗帘绳缠到，甚至在睡眠中被枕头、床褥闷住等都可能引发窒息情况发生。

休克与窒息，两者大不同

很多人常搞不清楚休克与窒息这两者之间的差异，以致在打电话向120求救时必须花费不少时间和对方沟通，宝宝“该如何马上进行急救”的前置处理，以免错过黄金施救期。

首先，休克与窒息，光从字面上就可以发现两者不同。医学上对“休克”的字面解释是因为外界氧气不足，或呼吸道阻塞不通，以致呼吸困难或停止呼吸，造成血液中缺氧，二氧化碳浓度过高，严重时会引起昏迷，甚至死亡。至于“窒息”，则是单纯形容“没有呼吸”的症状用语，通常是因为气道遭外来对象阻塞而无法呼吸，不像休克有时是因为心理因素引起的。基本上，只要出现窒息症状，就有可能引发休克致死。新手爸妈在进行急救判断时，应先看看宝宝是否还有心跳、呼吸，然后再决定是只做心脏按压、人工呼吸或两者并行（适合新生儿的人工呼吸法，请参考 P72 ~ 73）。

窒息意外：枕头、塑料袋、收纳箱

如果趴在枕头上睡觉，就容易妨碍呼吸，因此要特别小心使用枕头，慎选婴儿床，床褥周遭也不要放太多抱枕或布偶类的小玩具，以免睡眠中的宝宝翻身时压到，深陷其中而不自知，导致窒息。

不要让宝宝拿着塑料袋玩耍，如果把塑料袋套在头上，就容易贴近脸部，甚至闷住口鼻。平日应该把不用的塑料袋收纳在宝宝拿不到的地方。如果要保存塑料袋的话，不妨把塑料袋打个孔，或者弄个开口。

大型收纳箱、储物柜都会吸引宝宝爬进去探索或不小心跌进去。另外，废弃的冰箱也很危险，宝宝喜欢躲到可以闭合的空间里，如果柜门、箱门太重，很难从里面打开，宝宝就很容易因此导致窒息。

被宠物咬伤

应急处理

用流动的水清洗动物咬伤的部位，然后擦掉水分，盖上干净的纱布之后就送医。由于动物的口腔或爪子都存有大量细菌，可向医师征询是否该接种破伤风预防疫苗或打狂犬疫苗。如果伤口较大或有撕裂伤、断肢，或出现出血量较大的情况时，要先止血，并注意是否出现休克情形；由于大型伤口必须进行缝合手术，适度清洁伤口后，一定要马上送医，不适合再做太多消毒步骤，以免延误就医。

被小狗或老鼠咬伤时，即使是很小的伤口，也会被病菌感染。在这种情况下，首先要挤出伤口里的污血，并充分地消毒，然后到医院治疗。

被毒蛇咬伤时

被毒蛇咬伤时，要先将绷带系在距离心脏最近的部位，如咬伤小腿，就要在受伤处上方系上绷带，防止毒血流入心脏，然后挤出伤口的毒液。只要口腔内没有伤口，就可以用嘴吸毒液，然后再给宝宝喝大量的水，这样就能降低血液中的毒素浓度。

被猫狗咬伤时

对于从小与宠物为伍的宝宝而言，根本不会防备小狗和小猫，但即使家里养的宠物个性再温和，也不能把宝宝和宠物放在同一个地方。有时候，宠物也可能会嫉妒宝宝，因此咬伤宝宝。到户外散步时，如果拉起宝宝车的遮阳板，就能防止小猫或其他动物攻击，也能防止昆

虫的叮咬。

被犬科动物咬伤时，要注意预防狂犬病。可以的话，在就医之前，先了解宝宝是被哪一个品种的狗咬伤了；找得到饲主的话，询问狗狗是否注射过狂犬病的预防接种；如果是野狗，则应通报相关主管单位，在无法判断是否有感染危险的情况下，要在24小时内接受狂犬疫苗注射。

被小猫抓伤时，须先清洗伤口。如果抓伤部位发黄或流脓，就应该到医院治疗。宝宝在尚未接种破伤风疫苗的情况下，很容易导致破伤风。

被猫咪咬伤的伤口会比其他宠物的咬伤更容易造成感染，感染率甚至高达八成。比较严重的咬伤是猫咪的牙齿可能断在伤口里，绝不能等闲视之。第一个步骤，同样从清创开始，可用大量生理盐水冲洗，再用碘伏消毒；如果伤口有撕裂伤的情形，可能需要缝合；若伤口小而深，在家无法自行深入清洁或消毒，可向医生求助。此外，也可在医师诊治下服用能杀死猫咪口腔内特定细菌的抗生素，最好再观察3 ~ 5天，这样比较安全。

因食物中毒、过敏

应急处理

大部分情况下，因食物中毒、过敏而起疹时，会伴随高烧症状，因此要测量体温，观察是否发烧，发烧程度如何。一般情况下，间隔2小时测量一次体温，并观察体温的变化。另外，要注意观察起疹状态。随着起疹的部位、形状、瘙痒情况和发烧程度不同，瘙痒症的名字也不同。因此，刚开始起疹时必须详细地记录疹子的形状、扩散的状态、瘙痒程度等，然后向医生汇报。

有些食物中毒或过敏症状可能会导致宝宝休克。这时除了帮宝宝进行心肺复苏术（心脏按压＋人工呼吸）外，在恢复正常心跳后，应该让宝宝平躺，而且要用毛毯保温。另外，如果发生严重的休克症状，或因意外需要麻醉时，不能让宝宝吃东西或喝饮料。出院后，持续测量体温，并观察起疹状态。

抗敏软膏别乱涂

如果长期使用软膏，随着成分的不同，会对副肾皮质荷尔蒙产生副作用，或导致其他异常症状，因此要慎重地使用软膏。给宝宝使用的软膏，必须是根据医生的处方购买的安全的软膏；使用软膏之前，必须认真地阅读使用说明书，然后严格地控制用药次数和用量。

一般情况下，每天涂抹2～3次软膏。经常涂抹软膏是指每天涂抹5次左右。可以用棉花棒代替手指，不要直接在伤口上挤软膏；涂在伤口上的抗生素软膏必须涂上足够的量，使软膏全部覆盖伤口。

抗疹作战 “三不”策略

· **不能帮宝宝洗澡**

在起疹时，如果伴随着高烧症状，在退烧之前不能洗澡。麻疹的情况下，体温会忽上忽下。如果起疹状态恢复到一定程度，就可以简单地洗澡，此时不能使用肥皂，只能用清水洗澡。而热水会增加从内脏流向皮肤的血液量，因此会恶化休克症状。

· **不让宝宝抓破患部**

宝宝会经常抓发痒的部位，因此要及时地修剪指甲。如果穿太多衣服，或室内温度过高，就容易加重瘙痒症状。抓破患部容易导致第二次感染，而且会留下疤痕。

· **不能交叉感染和传染**

伴随起疹的疾病具有较强的感染性。即使体温下降，只要还有起疹症状，就应该禁止外出。另外，应该单独管理筷子、汤匙等各种餐具及毛巾等直接跟起疹部位接触的生活用品。

PART 3

宝宝的疾病护理与预防

宝宝的免疫力不如成人，当爸爸妈妈发现宝宝出现发烧、咳嗽、呼吸困难、痉挛、出疹子、腹泻、呕吐、完全没有食欲，甚至莫名哭闹时，就应留意宝宝的不适症状是否为持续性且合并出现，若有这种情况，一定要看医生。同时，最好自制表格，随时记录宝宝的症状发展；情况严重的话，最好连粪便、尿液、呕吐物也一并带往医院检验。

皮肤起疹子

类似状况怎么辨别?

宝宝皮肤起疹时，请先检视起疹部位，是突起状，还是平坦状？颗粒状，还是群聚型？有没有水泡或化脓？第二步，请记得测量体温，看看是否有发烧症状。基本上，汗疹、尿布疹多与闷热潮湿有关；婴儿玫瑰疹则与麻疹、德国麻疹、猩红热、非典型猩红热、感染性红斑（红频病）并列为常见的出疹疾病，大部分的出疹，都是在急性期发烧情况下出现皮疹，婴儿玫瑰疹则是退烧后才出现皮疹。

摒除病毒感染的起疹症状，宝宝的皮肤病大多属过敏性疾病，须留意室内污染物质、食物和清洁管理，不能盲目地涂抹软膏。

汗疹、尿布疹

造成尿布疹的主要原因是受到尿液主要成分“氨”的影响，而大便内的消化酵素在皮肤内形成霉菌时，则容易在胯部、外生殖器、腹部上形成尿布疹。

· 护理方法

更换尿布时，应该用温热的湿毛巾擦拭宝宝的臀部，然后用干毛巾擦掉水分。如果皮肤脱落或严重发红，每日可采取坐浴 3 次，每次 10 分钟。

手足口病

好发于夏秋两季，主要由柯萨奇病毒引起。感染 4 ~ 6 天后会出现症状，不仅手掌、脚底、手臂、腿部、脸部、腹部出现红色斑点，

连口腔、两腮黏膜、喉咙、牙龈、舌头等部位也出现红色斑点。红疹发作时，口中溃烂长度达4～8毫米，手脚上的水泡将达到3～7毫米，同时罹患胃炎的概率很高。

· **护理方法**

病毒在嘴和喉咙之间的咽喉部位最容易繁殖，因此应当经常刷牙。发烧时可以使用解热剂，食欲低、腹痛或腹泻时可以喂粥之类的流质食物。

玫瑰疹

玫瑰疹跟麻疹和风疹一起被称为“三日热”，会出现类似于麻疹的红斑，且持续高烧3～4日，体温高达39～41℃。3日后，体温会突然下降，身体、耳朵后面会出现斑点或比麻疹浅的红斑。

· **护理方法**

如果突然发高烧，应该用退烧药降温，也可以用温热的水按摩全身，平日尽量穿着吸水性好、轻薄透气的棉料衣服。

出冷汗

类似状况怎么辨别?
冒冷汗是指身体因为不适或休克等所造成的出汗情形，更重要的特征是，出汗时“手足会发冷”。与出汗有关的病症包含多汗症、色汗症、汗管瘤、汗腺癌、下丘脑多汗症、皮层性多汗症、代偿性多汗症等，但这些都属于慢性病症，对幼儿父母来说，比较需要担心的是宝宝的出汗症状是否为其他急性疾病的病兆，如肠套叠、休克、突然发生的冒冷汗情形……最好送医诊治。

婴幼时期的宝宝，按中医说法，体质本来就属热性，特别是在刚要入睡之前，很容易冒汗，尤其当宝宝七八个月大之后，因为白天的活动量增加，血液循环和新陈代谢都会比较活跃，到了晚上睡觉时，身体还无法处于安静状态，因此会翻来覆去，也比较容易流汗。原则上，只要流汗时并没有出现四肢发冷的情况，或睡醒之后出汗量就减少了，爸爸妈妈就不需要太过担心。

肠套叠症

肠套叠症是指由于部分大肠进入下腹大肠内所导致的症状。患有肠套叠症时，宝宝会出现冒冷汗、哭闹不止，经常呕吐或排出葡萄酱颜色的大便情况；若未能第一时间发现，严重时还会导致脱水、休克等症状。

此病多好发于 2 周岁以下的男婴，特别是 5 ~ 11 个月的男宝宝；其中 80%的宝宝会在 1 周岁之前患病，目前还没有找到确切的原因，但已知目前有高达 30%左右的肠套叠症是由于上呼吸道感染或病毒性

肠胃炎引起的。另外，由于饮食的变化、肠胃过敏反应或肠胃运动增加，也容易导致肠套叠症，而且时间愈长愈危险。

· 护理方法

一般情况下，每隔 5 ～ 30 分钟反复出现痉挛性腹痛、冒汗，但四肢略显冰冷；如果症状严重，宝宝就会全身无力，甚至休克或发高烧，这时应该马上到急诊室就诊，并注重保暖。

休克

休克是伴随低血压症状的循环虚脱状态。如果休克，就会出现脸色苍白、浑身冒冷汗、呼吸短促、脉搏加快等症状（有时脉搏缓慢）。另外，还会出现呕吐或晕倒的情况，在这种情况下，应该让宝宝平躺，而且要用毛毯保温。

· 护理方法

宝宝因为疼痛或疾病而出现冒冷汗、休克的症状时，虽应注意保暖，但绝不能泡热水，因为热水会增加从内脏流向皮肤的血液量，反而会恶化休克症状。另外，如果发生严重的休克症状，或因意外需要麻醉时，绝不能让宝宝吃东西或喝饮料。

拉肚子

类似状况怎么辨别？

宝宝拉肚子时，除观察粪便的形状、颜色及排便次数之外，要连同全身状态一起注意。会让宝宝拉肚子的疾病有很多，常见如消化不良、乳糖不适、感冒、急性肠胃炎、大肠炎、食物中毒、冬季下痢症，都可能是肇因。如果一天拉肚子次数超过 8 次以上，粪便含有血液、黏液或脓，且伴有恶臭，并同时出现呕吐、发烧、剧烈腹痛（哭闹不停）时，可自行收集粪尿检体，一同送医诊治。

一般拉肚子时的软便或下痢便若为绿色或黄褐色，甚至混有颗粒或黏液，只要没有其他不适症状，其实不用太担心。但粪便内若混有血液或脓水，则应特别留意；尤其是喂奶粉的宝宝，更应细心观察。

肠炎

一般由轮状病毒引起，传染性很强，多半从初秋时节开始肆虐，传染管道是沾有细菌的衣服、玩具和食物。刚开始会出现咳嗽、鼻涕等感冒症状，紧接着 1 ~ 3 日持续发烧或食欲不振，然后突然严重地呕吐，还会排出绿色、黄色或米水一样的水便。每天会拉肚子 2 ~ 3 次，严重时会拉肚子 7 ~ 10 次；有时连拉 2 ~ 3 小时，期间若未摄取足够水分，易引致脱水症状。

· **护理方法**

发烧严重时，应当先用退热剂降温，如果宝宝吐出退热剂，可以尝试使用栓剂。如果用药后发烧症状依然严重，可以用 30℃左右的温水擦拭全身。在医师建议下，可适量哺喂母乳或米粥、运动饮料、大

麦茶、利于治疗肠炎的特殊奶粉等以补充营养。

痢疾

因食用不卫生的食物等原因感染的痢疾，是群体发病的传染性疾病，症状包括腹痛、腹泻、脱水，严重时还会发高烧，伴有头痛、呕吐，同时，粪便中混有血或黏稠物。

· 护理方法

腹泻病的居家护理原则有三：一是预防脱水；二是持续进食；三是合理用药。而防止痢疾，最重要的是卫生习惯。排泄后或外出归来后要洗手漱口；必要时，奶瓶、餐具都应彻底消毒。尽量避免到人多或卫生设备差的地方，食物要煮熟后再喂宝宝；避免油腻的食物，进食量应由少到多，离乳期宝宝可补充适量的新鲜果汁或果泥以补充钾；并遵循医嘱用药。另外，腹泻及反复擦拭清理的动作，容易使宝宝臀部肌肤红痒、溃烂，应随时保持肌肤干爽。

吐奶

类似状况怎么辨别?
不到4个月大的宝宝，胃部调节功能不成熟，只要受到轻微的刺激就会呕吐。注意呕吐物，如果混有血液、咖啡渣状、黄色的物质，或伴有恶臭时，爸妈要特别留意，因为患有急性胃肠炎、髓膜炎也会出现呕吐症状；如果大便内含有血液或黏液，就可能患有肠套叠；如果在阴囊周围摸到柔软的小瘤，就可能患有疝气，必须马上到外科或小儿科诊治。此外，患有耳朵或循环系统疾病时，也容易出现呕吐情形。

伴随发烧、咳嗽而发生的呕吐，只要之后宝宝还能正常进食，也没有哭闹不休的情况，其实不用太担心。若是因为意外撞击所导致的呕吐现象，则应立即送医。

胃食道逆流

1 ~ 4 个月的宝宝，容易出现胃食道逆流，在喝奶时或喝完奶后，会吐出 2/3 的奶水。不到一周岁的宝宝大部分括约肌不发达，因此连接食道和胃的“贲门”不容易开启，医学上，将这种没有特别的病因，只因括约肌不发达而在吃奶过程中或吃奶后立即吐奶的症状，称为胃食道逆流症。约 6 个月之后，一旦宝宝开始喂食离乳食品，就会逐渐好转。

· 护理方法

如果宝宝吞咽食物困难或体重增加缓慢，就应透过 X 光片透视或超声波检查进行诊断。容易胃食道逆流的宝宝，在喂母乳或牛奶、断乳食物之后应将宝宝竖立抱 30 ~ 60 分钟，或让宝宝在椅子上略微倾斜、舒适地坐着，这时，胃中的母乳或奶粉会向下流动，就不容易逆流。当采用这种方法没有明显效果时，可以试着在母乳、奶粉中混入稻米粉做的米粥哺喂宝宝。

肥厚性幽门狭窄症

新生儿喝奶时，有时会像喷水般吐奶。通常是因为从胃通向十二指肠的连接部位“幽门壁肌肉”异常肥大，致使胃中食物无法通过，造成幽门堵塞。最初，宝宝会少量地吐奶等食物，逐渐发展为疾病。当幽门壁完全堵塞后，宝宝吃完母乳或牛奶后，就会像喷水一样吐出来。大部分宝宝会兴致勃勃地吃母乳或奶粉，紧接着却将食物全部吐出来，偶尔掺有少量血丝。

· 护理方法

每吃必全数吐出的情况下，就应到医院检查。可借助手术治疗，切除过厚的幽门壁肌肉；过了术后复原期之后，即可慢慢增加哺乳量。

食欲不振

类似状况怎么辨别？

长期无食欲，体重锐减，或体重增加但看起来却消瘦时，爸爸妈妈就要特别留意了，极可能是罹患慢性病。新生儿阶段的食欲不振，可能是重症黄疸、髓膜炎或头盖内出血所致；乳儿期的食欲不振，不排除是因为先天性喘鸣、鹅口疮、中耳炎引起；至于进入幼儿期与学童期的厌食现象，则有可能是神经性食欲不振、结核病、肝炎等慢性病所导致的。别急着强迫宝宝进食，先接受精密检查吧！

一向吸乳量很正常的宝宝，到两三个月大时，会突然出现拒奶的情况，这是因为宝宝正从反射性吸奶的习惯，逐渐进入按个人偏好进食的时期；另外，超过10个月的宝宝正处于爱玩的探索时期，对“吃”也比较不那么热衷。基本上，只要体重没有突然减轻，短暂的过渡时期不需要太过紧张。

神经性食欲不振

别怀疑！宝宝也会因为心情不好而吃不下。宝宝因为感冒、口腔炎或扁桃体炎等急性热性疾病，确实会出现暂时的食欲不振情形；但仍有部分宝宝是因为单纯不喜欢奶嘴或牛奶本身的味道，或因为妈妈硬要强迫他喝到“足量”而出现抗拒的情形，这些情况都可称之为神经性食欲不振。

· 护理方法

宝宝不想喝奶的时候，不要勉强他，试着改用奶瓶或汤匙喂喂看，或趁宝宝打瞌睡时哺乳也是一种方法。如果已经进入离乳期，可开始

搭配副食品补充营养，或换奶粉牌子；若是本来喝母乳的宝宝，可试着改喂配方奶。先改变味觉和口感，逐步找出原因。

贫血

贫血也会让宝宝出现食欲不振的情形。最常见的情况是接近断奶期开始发作的“缺铁性贫血”，这种情况比较常发生在吃母乳的宝宝身上，随着宝宝逐渐长大，母乳中的铁质含量会逐渐不够使用。有贫血症状的宝宝，可能无法从脸色上立即发现，这时应检视宝宝眼睑内侧及指甲颜色，看看是否有“发白”的情形。如果宝宝唇色明显不佳，没什么精神，食欲也出现低落的情况，但却没有感冒症状，就有可能是贫血所致。

· 护理方法

若担心可能是因贫血造成的食欲不振，可详细记录宝宝的进食情况和分量，并到医院进一步做血液检查；再搭配配方奶或宝宝专用食品，应可获得改善。

夜间哭闹不停

类似状况怎么辨别?

会造成宝宝异常夜哭、失眠的疾病包括支气管炎、中耳炎、鼻炎、湿疹、肠套叠症、髓膜炎、肺炎等。平日应留意宝宝哭泣的方式，像是肚子饿、便秘、疼痛……这些哭声和动作会有小小的差异。另外，宝宝白天睡太多，以致日夜倒置，也会有夜哭或失眠的情况。比较要注意的是急性病症时的夜哭现象，因为这时候爸爸妈妈也很累，只要稍不注意，很容易就错过了救治的黄金时间。

新手爸妈在宝宝夜间出现哭闹不停的情况时，很容易惊慌失措。大部分情况下，宝宝不是因为身体疾病，而是因为弄湿尿布或肚子饿才会哭闹的，只要满足宝宝的基本欲望，就能恢复平静。若发现哭声异于平常，第一步，请先注意观察体温、排泄状态，以及是否有呕吐情形。

腹绞痛

白天玩得兴味盎然，夜间哭闹不止。经常发生于月龄不到 3 ~ 4 个月的宝宝身上，每次持续 1 小时左右；哭泣时，会双腿蜷缩、紧握拳头、腹部用力，但通常哭着哭着就筋疲力尽地睡去。

・护理方法

宝宝开始哭泣时，可抱一抱、哄一哄，爸爸妈妈保持镇静能使宝宝感到安心。如果哭得很厉害时，可以用浸过热水的毛巾热敷腹部。试着改变环境，也会使宝宝的情绪发生变化，像从卧室转到客厅，让宝宝呼吸新鲜的空气，也会有一定帮助。

神经过敏

难产或早产的宝宝容易出现神经过敏的症状。如果宝宝比较容易受到惊吓，极可能是对环境变化感受比较敏锐，神经也比较纤细。这种类型的宝宝通常比较性急，会因为难以调节吸吮母乳的动作而害怕吃奶。另外，因为难产或早产而血液中缺糖、缺钙的情况下，宝宝也会比较容易出现神经过敏症状。

一般而言，七八个月之后，宝宝的“神经质”情况会比较明显，有一种说法认为是因为运动量不足及发育失衡所致（如想学走路却走不好之类）。

· 护理方法

如果遇到这种情况，爸爸妈妈和家人都先别着急，因为这并不是太严重的问题，只要耐心地看护宝宝就会慢慢好转。白天尽量不要让宝宝处于声光刺激太过强烈的情境下，像是暴力电视节目、工地或游乐场之类的高分贝场合。切记，爸爸妈妈的不安情绪或吵架等，宝宝也能明显感受到哦！

浮肿

类似状况怎么辨别？
婴幼儿的浮肿症状，要先检视是出现在腿部，还是脸部？如果出现全身性浮肿、眼睑肿起、手脚（特别是脚）浮肿、腹部积水而使得原本凹陷的肚脐向上肿起，脸色略显苍白，尿色变红、尿量变少，则有可能是急性肾炎或肾病。如果是因为甲状腺机能不足所引起的水肿，则有先天和后天之别，先天性的甲状腺低能症，除了水肿之外，还会有持续黄疸、肚脐疝气等特征，若发现太晚，会有终生智障的危机。

浮肿是宝宝生病的信号之一，可区分为全身性浮肿和局部性浮肿。与浮肿有关的婴幼儿疾病多与肾脏有关，此外，甲状腺疾病和过敏等问题也会出现浮肿症状。

急性肾炎

通常在罹患感冒、扁桃炎、猩红热或脓痂疹 1 ~ 2 周后，宝宝若出现四肢浮肿，极有可能是因为之前的毒素已在体内产生抗体，形成毒素和抗体的过敏源，致使肾脏发炎。这时，宝宝的尿液量会变少，出现蛋白尿，甚至变红；完全不排尿，甚至出现呕吐现象时，一定要立刻就医。

· **护理方法**

发病初期，应注意保暖，并遵循医生的饮食指示。适时补充盐分、水分、蛋白质含量少的食物。约 1 周后，宝宝的尿量会慢慢增加且恢复正常。比较值得注意的是，有些宝宝的血尿并不是红色的，而是深褐色或如同草汁的颜色，肉眼不易分辨出来，这时应观察宝宝的血压

及意识状态，如果伴随痉挛，或到最后完全没尿时，极可能是急性重症，必须立刻送医。

甲状腺机能不足症

先天性的甲状腺机能不足症，又称为矮呆病，宝宝刚出生时，即可发现哭声比较微弱、喝奶量少、容易便秘、黄疸持续很久，至于外观上，除容易浮肿外，可发现这类型宝宝的手脚较短，两眼间隔大，鼻子较塌，嘴唇较厚，还有大舌头，对周遭事物漠不关心，有发育迟缓的迹象。后天性的甲状腺机能不足症则会在几年后才出现，当甲状腺机能开始恶化，一样有发育迟缓的问题。

· **护理方法**

先天性甲状腺机能不足症，须终身服用甲状腺素；后天性的甲状腺机能不足症，可借助手术改善。家中患有此类疾病的宝宝，治疗不能中断，若有搬家计划，则应转调病历至新医院持续追踪治疗。

黄疸

类似状况怎么辨别?
皮肤和眼白部分呈现黄色，有些宝宝的尿液也会连带偏黄。若是生理性黄疸，会在出生后10天左右自行消失。除新生儿黄疸之外，有些疾病也会导致黄疸症状，例如乳儿肝炎，即在新生儿生理性黄疸变淡之后，过2、3周又再出现，且更严重，甚至排出黄色的尿，粪便也会变白。病毒性肝炎则包含甲肝、乙肝和丙肝，急性肝炎通常会伴随感冒症状，慢性的带原性肝炎则须靠筛检才能验出。

引起黄疸的胆红素大多来自血液中的红细胞，新生儿因为红细胞容易破裂，所以会生成大量的胆红素，当肝脏代谢不及时，即产生黄疸症状。由于新生儿的肝功能尚未成熟，因此，即使身体健康也容易罹患黄疸。

新生儿黄疸

出生1周左右，当宝宝的皮肤和眼白部分呈现黄褐色症状，即为“新生儿黄疸”，皮肤和眼睛在胆红素的色素作用下变黄。黄疸的症状有轻重之分，有较轻微的，也有需要治疗的重症黄疸。正常宝宝罹患的黄疸称为“生理性黄疸”，一般会在出生后3～5天内发生，经过7～10天会慢慢消失。不过，有些黄疸却可能是由败血症、肝炎、内出血等引起的，因此需要仔细地检查。

· 护理方法

母乳喂养的宝宝如果罹患黄疸，症状有时会持续10天以上，这时应当在接下来的1～2天里中止哺乳，观察黄疸是否由母乳引起。

如果停止喂奶后黄疸痊愈，就表示是“母乳黄疸”。“母乳黄疸”并不是因为母乳不良所致，所以宝宝痊愈后仍可继续哺乳。如果黄疸症状持续 10 天以上，或黄疸数值超过 140 毫克 / 升，则有可能是疾病性黄疸，须就医检查。

先天性胆道闭锁症

病症是伴有黄疸，宝宝尿液呈现黄色。先天性胆道闭锁症是因为宝宝体内没有形成胆道，胆汁无法排到肠道而处于停滞状态，继而对肝脏造成损伤。它会使黄疸症状持续，发展为肝硬化后，最终死亡，是一种非常可怕的疾病。其症状为新生儿的白眼珠和皮肤上出现黄疸，大便呈白色。如果患病时间过长，还会出现消化障碍。

· 护理方法

应及早治疗，否则黄疸会逐渐加重，危及健康。一旦发现新生儿的大便呈白色时，就应当立即到医院检查。

手足痉挛

类似状况怎么辨别?
早产儿或宝宝的妈妈患有糖尿病的新生儿最容易发生手足痉挛，有一部分吃奶粉的宝宝可能会在出生7～10天左右发生痉挛。高达95%的宝宝的抽筋情形，属于热性痉挛（发烧、扁桃腺炎）等。当肠胃出现吸收障碍，导致钙和磷的吸收率降低时，也容易发生痉挛。另外，像是脑脊髓膜炎、癫痫、日本脑炎、中暑、破伤风、脑肿瘤，或者宝宝生气时，都可能发生痉挛现象。

由于发烧引起的轻微痉挛或脸部肌肉僵硬引起的痉挛不是疾病，但是如果痉挛持续很长时间，或者伴随头痛、呕吐等症状，就应该到医院就诊。

低血糖

病症是新生儿的意识变得模糊，并产生痉挛。通常早产儿或低体重儿会因为缺乏储藏的肝糖而出现低血糖症状。另外，当妈妈患有糖尿病时，宝宝血液中含有的分解糖分的胰岛素分泌较多，进而导致血糖降低。症状是脸色苍白，经常将吃进去的食物呕吐出来。症状的轻重取决于血糖的浓度，严重时身体颤抖，呼吸困难，皮肤苍白，全身痉挛。

· **护理方法**

宝宝早产或体重较轻时，在刚出生时要喂适量的葡萄糖水。手足痉挛与缺钙有关，若是因副甲状腺功能不全所致，须在医师指示下补充钙质，经过2～3周即可治愈；但这种治疗法可能会影响心脏功能或引起多种副作用，所以必须经常进行听诊和心电图检查，一定要按照专业医生的诊断进行治疗。

脑脊髓膜炎

病毒、细菌、霉菌、原虫类都可能引起脑脊髓膜炎，脑脊髓膜炎等感染性疾病多发生在免疫力较弱的宝宝身上，其种类可以分为细菌性脑脊髓膜炎、病毒性脑脊髓膜炎、结核性脑脊髓膜炎等几种，而一般的预防接种主要是针对细菌性脑脊髓膜炎。脑脊髓膜炎的症状因人而异，但通常开始时像感冒一样发烧、头痛，严重时会呕吐，身上出疹。不足 1 岁的宝宝没有明显的症状，但会变得行动迟缓、发烧、烦躁、哭泣或呕吐。

· 护理方法

脑脊髓膜炎流行时，应尽量减少外出的次数。回到家中，必须洗净双手和刷牙，然后充分地休息。脑脊髓膜炎只要患过一次，就会产生免疫力，亦可接种疫苗预防。

牛奶过敏

类似状况怎么辨别?
当宝宝并未患过敏性肺炎、湿疹、支气管哮喘、麻疹等疾病却发生腹泻的时候，就可以怀疑是否为牛奶过敏。不同于“乳糖不耐症”是因为缺乏需要消化牛奶中乳糖的“酶”所致，“牛奶过敏”则是免疫系统对于牛奶中的蛋白质产生的过敏反应。若不确定是否为牛奶过敏，可在2～3周内停止喂含有牛奶蛋白质的食物，如果不喂牛奶时症状消失，重新喂牛奶时症状出现，如此反复3次以上，即可认定是牛奶过敏。

牛奶过敏，属于食物过敏的一种。当宝宝摄取牛奶或含有牛奶蛋白质的奶粉、冰淇淋及其他食物时，胃肠道、皮肤和呼吸道会因此而产生不适症状的一种过敏性疾病。

牛奶过敏症

喝配方奶的情况下，如果无缘无故地持续拉肚子，就应该怀疑牛奶过敏症。牛奶蛋白质有可能只引起胃部疾病，导致腹泻，但也有可能与支气管哮喘、过敏性肺炎等其他疾病一同出现。这是因为牛奶蛋白质使胃黏膜受损，造成无法正常消化食物。除此之外，有些宝宝会因为消化功能失常，感到腹胀或腹痛而哭闹不止，也有可能出现呕吐或频频放屁的症状。

· 护理方法

确认是牛奶过敏后，要喂宝宝不含牛奶蛋白质的特殊奶粉，并根据专业医生的处方，喂食不含牛奶蛋白质或能充分地分解牛奶蛋白质的食物。

乳糖不耐症

乳糖不耐症，又称乳糖消化不良或乳糖吸收不良，是指人体内无法有效分解乳糖中的“乳糖酶”。主要病症为摄入大量乳糖后，产生腹泻、腹胀等肠胃不适症状。该症状是基因决定的，不具传染性；情况因人而异，有些宝宝的症状会随着时间减轻或加重。需要留意的是，当婴幼儿发生乳糖不耐症状时，很容易因严重腹泻造成脱水或电解质失衡，甚至危及生命，或因慢性腹泻导致营养不良而影响其生长发育。

・护理方法

避免摄取奶油、起酥、冰淇淋、饼干、面包等可能含有高乳糖成分的食物。其实大部分的乳糖不耐症患者对奶制品并非完全“碰不得”。随着年龄渐长，只要掌握“少量多次”及“与其他食物一起食用”两大原则，通常不适症状不会那么明显。建议新生儿可以通过“乳糖耐受测验”“氢气呼出测验”及“粪便酸性测验”确认是否患有乳糖不耐症。

肚脐疝气（肚脐炎、脐带肉芽肿）

类似状况怎么辨别？

脐带肉芽肿，是脐部长出息肉，并且化脓，需要实施切除肉芽肿手术的一种新生儿疾病；严重时还会出血，或者因第二次细菌感染在肚脐周围引起发炎症状；一旦细菌进入体内，更可能导致败血症。肚脐疝气（俗称脱肠），则是指宝宝肚脐部位的皮肤上方会有约莫硬币大小的突起，通常持续 6 个月到 1 年的时间，随着脱肠部位的孔逐渐消失，症状也会好转。

对才刚剪断脐带不久的新生宝宝而言，避免肚脐感染、发炎，是日常护理的首要任务。

脐带肉芽肿

干燥的脐带许久不脱落，或脐带脱落后肚脐部位长出息肉的情形叫肚脐肉芽肿。大多数宝宝只是在肚脐附近出现程度较轻的发炎症状，但当肚脐部位开始长出息肉、化脓，同时产生分泌物或出血时，便可能因为再次细菌感染而并发炎症，最严重的情况是细菌进入体内，引起败血症。

· **护理方法**

要预防脐带肉芽肿，在宝宝出生后，就一定要严格护理肚脐。如果脐带不脱落，那么在洗澡时要避免肚脐接触水，洗澡后可用消毒水对肚脐进行消毒，脐带脱落后也要继续消毒 10 天左右。消毒时，应将肚脐撑开，深入内部彻底地消毒，另外，消毒后在肚脐周围包纱布时也有可能引起发炎，因此要格外注意。一般情况下，干瘪的脐带会在 7 ~ 10 日内脱落，如果超过 10 日，就容易产生肉芽或发炎，建议到小儿科进行处理。

肚脐疝气（脱肠）

疝气是男婴常见的症状之一。若因疝气堵住肠胃，就会切断血液循环，因此导致严重的疼痛。通常宝宝出生 7 ~ 10 个月时，随着脐带脱落，就会长出正常的肚脐，此时，部分新生儿会因为肚脐部位的肌肉柔弱，肚脐不能完全愈合，而在皮肤及肌肉附近留下小孔；当部分肠子挤过来、并向肚脐上方突出时，这就是肚脐疝气。

・护理方法

肚脐或中央部位的疝气症状是常见的现象，一般不会导致严重的问题。出生后一周内，疝气症状不明显，但是脱肠到 2.5 厘米左右时，就会产生剧烈的疼痛。通常疝气症状会在一两年后自然恢复正常，也很少导致并发症，没必要刻意去动手术。

感冒（流感、发烧、咳嗽、流鼻水）

类似状况怎么辨别？

感冒是昼夜温差较大时容易罹患且最常见的小儿疾病。宝宝免疫力差时，还有可能发展为中耳炎、支气管炎、鼻窦炎等并发症，因此需要及时地治疗和严格地预防。值得注意的是，在几百种感冒病毒中，如果感染了随着天气转凉而出现的轮状病毒，就会同时对呼吸器官和消化器官产生影响。除了感冒症状之外，还会因厌食、腹泻、呕吐而引起脱水，让宝宝筋疲力尽。

感冒是发生于呼吸器官的代表性疾病，又称为鼻咽喉炎，由病毒引起，主要发生于鼻腔和咽喉，主要症状表现为发烧、咽喉肿胀、流鼻涕、咳嗽。

流感

流感是指流感病毒引起的上呼吸道感染疾病，包括支气管、喉头、咽喉、鼻腔等部位；患病时，宝宝会发烧、全身发冷且有刺痛感。与感冒完全不同，流感多发生于天冷干燥的 10 月到来年 4 月期间，其中又以最有代表性的甲型流感病毒最具传播力。罹患流感初期，会出现发烧、恶寒头痛、肌肉痛、食欲不振的情况；宝宝则常会出现腿肚抽筋等症状，或因疼痛而哭闹不休。这种症状通常持续 3 天左右。罹患流感后，宝宝体温将迅速升至 38 ~ 40℃，高烧不退。

· 护理方法

如果罹患以高烧和疲劳为主要症状的流感，最重要的就是充分地休息和睡眠。可以喂宝宝少量开水、大麦茶、果汁等，还可以利用加

湿器或悬挂湿衣服来提高室内的湿度。

新生儿脱水热

在没有任何疾病的情况下，宝宝体重减轻，哭闹次数增多，体温更飙升至 38 ~ 39℃的高温时，即是所谓的“新生儿脱水热”或“新生儿过性热”。这是因为幼儿缺乏体温调节能力，容易受外部温度的影响。特别是新生儿，如果用被子紧紧地裹住或缺乏水分供应，就会发烧；如果给宝宝水喝，会喝得很快，体温会迅速降低；反之，如果没有立刻喂水，宝宝就会脸色苍白，或者引起痉挛，严重时可能导致脑损伤或猝死。

· 护理方法

室温尽量维持在 24 ~ 26℃，宝宝发烧情况严重时，可用温水浸湿的毛巾擦拭宝宝的身体，并补充水分；如果有鼻子堵塞的情形，可以用加湿器将室内湿度调整到 50% ~ 60%，使鼻子通畅。

中耳炎

类似状况怎么辨别?
中耳炎是感冒的代表性并发症，会出现39℃高烧，同时宝宝会表现得异常烦躁。另一个观察重点是，罹患中耳炎的宝宝，会习惯性将手放到耳朵附近，这时，如果去触摸宝宝的耳朵，宝宝就会凄厉地大哭。分泌性中耳炎，是指中耳出现脓液以外的分泌物堆积状态，会有听不清楚、耳鸣等情况；胆脂瘤中耳炎，则是在急性中耳炎转成慢性中耳炎之后所引发的鼓膜破裂、耳漏及听力下降情形 。

大部分中耳炎都属于感冒的并发症，另外，像是过敏性鼻炎或宝宝周围的各种有害物质，也有可能引起中耳炎。

急性中耳炎

根据统计，80％的宝宝在3岁前都曾罹患过中耳炎，中耳炎发生率之所以如此之高，是因为宝宝耳中的耳管长度比成人短，且比较直，因此细菌可以长驱直入引起病菌感染。罹患中耳炎时，宝宝会持续39℃以上的高烧，夜间尤其显得烦躁，吃奶后会吐出来，摸耳朵时会大哭。当鼓膜破裂或转化为慢性疾病时，耳朵中会流出脓水，出现听力下降的症状。

・护理方法

罹患急性中耳炎时，应当立即到医院接受治疗。通常医生会使用适当的抗生素、消炎剂、抗组织胺剂等进行治疗。治疗需要2周以上的时间，期间即使是高烧退去，疼痛消失，也不能立即停止，否则最终将发展为慢性中耳炎，严重时还会损伤听力。中耳炎复发的概率较

高，尤其是罹患感冒时，可在就医时向医生提醒这项病例。

慢性中耳炎

当婴幼儿时期的急性中耳炎治疗不彻底，或是与其他并发症重叠感染时，就会慢性化。慢性中耳炎的典型症状是鼓膜里面化脓，即便没有感冒，也会有少量的脓液从耳内流出；一旦遇上感冒会更加恶化，脓量增加且反复出现。严重时，不但会造成鼓膜破裂，甚至还会出现听觉障碍症状。

· 护理方法

每次感冒就反复引发中耳炎的宝宝，父母应避免自行给宝宝喂服成药，出现感染症状时，一定要趁早诊治。当脓量过多，而让宝宝出现搔抓情况时，可在耳道塞入棉花，但要记得定时更换，常保清洁；如果不慎让脓流出耳道外，应实时拭净，不要让宝宝的手碰到，然后再揉向眼睛或口内，造成其他部位的感染。如果已经出现听力障碍时，建议做进一步的听力检查，以免情况更恶化。

脂溢性皮肤炎

类似状况怎么辨别?
脂溢性皮肤炎，又称为脂漏性湿疹。主要好发于头皮、脸部、耳朵周围、身体、颈部、腋窝等部位，但以头皮和脸部的症状最为严重。脂溢性皮肤炎是2周岁之前宝宝最常见的疾病，如果患有脂溢性皮肤炎，头部和头皮上积存厚厚的黄色脂肪块，即“乳痂”。如果患有过敏性皮肤炎时，应避免宝宝抓破伤口，以免细菌入侵而演变成脓疱病。

发生异位性皮肤炎大体上是食物过敏源（诱发过敏的物质）和霉菌等环境性因素造成的。对不到2岁的宝宝而言，食物是重要的诱因，过敏源大量存在于牛奶、蛋白、花生、面粉、橙子等食物中。4 ~ 5岁之后，环境性因素起更大的作用，日常生活中经常接触的尘螨、动物毛发、花粉、细菌、病毒或真菌类感染等都可能成为病因。

异位性皮肤炎

异位性皮肤炎（即脂溢性皮肤炎）的代表性症状，是先出现瘙痒的红色斑点，然后出现水泡，再出现流脓水的痂。1周岁前多出现于两颊、颈部、头部、耳朵上，2周岁之后多出现于手臂或小腿等显眼的部位，3 ~ 4岁时移至手臂内侧、膝盖内侧、耳朵下侧等皱褶部位。

· 护理方法

治疗异位性皮肤炎最基本的方法就是保持皮肤的清洁。皮肤上的杂质越多，瘙痒越厉害，因此流汗时要及时用湿毛巾擦净，或给宝宝简单地淋浴。若用温水洗澡，最好在10分钟之内结束。建议使用异位性皮肤炎专用洗涤剂，不能用洗澡巾来刺激宝宝的皮肤。尽量避免使用地毯及窗帘，寝具要经常用热水清洗，并在阳光下快速晒干。瘙痒严重时，可遵循医嘱，使用缓和瘙痒症状的软膏。

脓疱病

脓疱病是被小虫咬伤或患有过敏性皮肤炎的宝宝抓破发痒部位时，由于葡萄球菌或链状球菌进入皮肤内所导致的皮肤疾病。一般情况下，会出现 5 ～ 10 毫米大小的清澈或黄色的脓疱，而且逐渐变红。脓疱病的传染性很强，米粒大小的斑点很快就会变成鹌鹑蛋大小的肿包，甚至扩散到全身，故应避免用手触摸患部。

· 护理方法

患有过敏性皮肤炎的宝宝，最好就医，以便长期观察。修剪宝宝指甲，并经常清洗手脚，避免宝宝抓破伤口，造成二次细菌感染；帮宝宝洗澡时，动作要轻柔，以免弄破脓疱。

过敏性鼻炎（鼻塞、打喷嚏……）

类似状况怎么辨别？
过敏性鼻炎是好发于换季期间的过敏性疾病之一，发作时会出现大量流鼻涕、打喷嚏等症状。可分为季节性肺炎和常年性鼻炎。季节性肺炎是多发生于换季期的肺炎，症状为清晨流鼻涕和打喷嚏；常年性鼻炎是慢性疾病，没有典型的肺发炎症状，看似感冒却终年无法痊愈。过敏性鼻炎和感冒不同，打喷嚏症状严重，鼻涕是透明的。罹患鼻炎时，全身没有其他症状，但眼睛周围会发红，而且发痒。

过敏性鼻炎，又可称为鼻过敏、血管神经性鼻炎。接触特定过敏源时，会出现咳嗽、打喷嚏、流鼻水或流眼泪，有时还会伴随轻度头痛的情况；但通常在远离该项过敏源时，症状即会在 1 ~ 2 小时内获得有效缓解。

过敏性鼻炎

如果罹患了过敏性鼻炎，最好不要在家里自行治疗，应当在发病后立即赶往医院，接受专业医生的治疗。如果妈妈不加辨别就盲目给宝宝喂抑制鼻涕的药物，很容易使过敏性鼻炎转化为慢性鼻炎。医院通常使用抗组织胺剂进行治疗，不过，由于该药物有可能引起多种副作用，应咨询专业医生。

· **护理方法**

如果宝宝天生是过敏性体质，就要限制摄取牛奶、鸡蛋、鱼、贝类、豆等容易引起过敏的食物。应避免接触经常掉毛的宠物、布娃娃、尘螨或霉菌容易繁殖的地毯、毛织物或毛皮服装、被子等等，室内还

要避免种植花草。宝宝罹患食物过敏或异位性皮肤炎后，就等于已经跨入过敏性疾病的“大门”，应当格外注意。

鼻窦炎

鼻窦炎是类似于脓疱症的一种疾病。患者会用嘴呼吸，且发出鼻塞的声音，另外，喉咙内有黏糊糊的浓痰；尤其在清晨时，通常会出现猛烈咳嗽。宝宝罹患急性鼻窦炎时，会像感冒一样发烧，也会因为鼻窦部位的疼痛而哭闹不停。一般而言，患有鼻炎时，会流清澈的鼻涕；但患有鼻窦炎时，则会流出黄色鼻涕。只不过，由于大部分鼻涕会透过喉咙直接进入肠胃，因此很难发觉此病症。

· 护理方法

随着宝宝的年龄、综合征状态、发病原因不同，治疗方法也有所不同，但是只要正确地使用抗生素 2 ~ 3 周，就能治疗鼻窦炎。在痊愈之前，必须认真地接受抗生素治疗，如果不及时治疗鼻窦炎，且放置 2 ~ 3 个月，或者中断治疗，就容易转变成慢性脓疱病。

支气管炎（呼吸困难……）

类似状况怎么辨别?
支气管炎主要由病毒引起，导致气管和支气管出现发炎症状，也是宝宝容易罹患的疾病之一。光从咳嗽声音很难判断究竟是支气管炎，还是单纯的感冒，通常罹患感冒3～4天后，也会咳嗽，但发烧不严重。宝宝常因为咳嗽严重而感到喉部疼痛，以致进食困难；呼吸时，胸部会抽动，痰多却不容易吐出。因此，仅依靠抗生素很难快速使疾病痊愈，必须保持充分地休息和治疗。

大部分情况下，感冒很容易导致呼吸系统疾病，因此在换季时一定要注意。在呼吸系统护理中，必须注意室内温度和湿度、水分供给、有营养的食物等。

急性毛细支气管炎

即便是轻微感冒，也容易导致急性毛细支气管炎。急性毛细支气管炎是指伴随着严重咳嗽、呼吸困难等症状的气管闭锁综合征，多好发于冬季和春季。如果狭窄的毛细支气管被病毒感染，就容易导致急性毛细支气管炎。尤其是出生3～6个月内的宝宝，由于毛细支气管很窄，因此受到轻微的刺激时很容易浮肿，甚至导致发炎。患有急性毛细支气管炎时，宝宝会出现不喝奶的情况，严重时还会出现脸部和嘴唇苍白、呼吸困难等症状。

· 护理方法

如果疾病的进行速度加快，或者严重地呼吸困难，就应该马上到医院接受治疗。如果症状较轻，应该经常喂宝宝喝温热的开水，尽量防止

因咳嗽或呼吸困难导致的脱水症。另外，为了顺利地排出浓痰，可用加湿器提高室内的湿度。如果呼吸困难，就应该采取舒适、稳定的坐姿，或者把头部和胸部向上抬高45度，然后向后倾斜颈部。咳嗽严重时，亦可轻轻地拍打后背，帮助宝宝缓解咳嗽的症状。

急性喉炎

发声的声带周围统称为喉部，喉部是位于气管上端的发声器官。由于病毒感染喉部发炎的症状称为喉炎。患有喉炎时，宝宝会不停地咳嗽，发出“咳咳”的声音，并伴随着发烧、呼吸困难等症状；跟白天相比，夜间及清晨的咳嗽症状会更明显 。一般情况下，在治疗的前2 ~ 3日内，病情会稍微加重，甚至有点发烧；喉咙会有堵塞的感觉，宝宝在咽口水或吞下食物时会很不舒服。

・护理方法

如果咳嗽严重，黏膜会浮肿，并出现突然呼吸困难的症状。出现呼吸困难时，即使在半夜，也应该马上到急诊室就诊。在家照顾宝宝时，应该利用加湿器提高室内湿度，以免宝宝的喉咙过于干燥。另外，如果宝宝长时间哭闹，也会伤害喉咙，须尽快安抚宝宝情绪。

肺炎

类似状况怎么辨别?
肺炎是因为肺部感染而产生发炎症状的疾病，是一种比较严重的呼吸器官疾病。其发烧等主要症状与感冒相似，不同之处在于高烧并伴随呼吸困难。罹患肺炎时，宝宝呼吸困难，呼吸次数每分钟超过50次；每次呼吸时鼻子都会一张一合，脸和嘴唇、手指、脚趾变得苍白。有些宝宝会出现腹泻、痉挛症状，变得毫无气力，食欲不振。若为病毒性支气管炎时，则会突然出现恶寒，体温飙升至39～40℃。

肺炎通常是因为感冒、麻疹、百日咳的二次感染所致。除了发烧和咳嗽外，还会引起高烧和呼吸困难。

急性肺炎

肺炎大多由病毒引起，也可能由支原菌引起。不满2岁的宝宝通常都是第一次罹患肺炎，但宝宝患感冒、麻疹、百日咳等疾病后也可能会引起肺炎，因此对待宝宝肺炎要采取审慎态度。刚罹患肺炎时，症状较轻，起初可能会被误当成感冒治疗，几天后才能诊断出肺炎。到小儿科医院检查时，如果医生怀疑为肺炎，可能会拍摄X光片或建议你带宝宝到大医院检查。

· 护理方法

有些症状可以用抗生素治疗，服药时必须严格地遵循处方。另外，也可采取肺炎预防接种，但这种预防针只能预防肺炎球菌引起的肺炎，并非对所有种类的肺炎都起作用。

目前虽然没有预防肺炎的完善方法，但若能维持良好的生活作

息，经常洗手洗脚，充分休息，吃有营养的食物，对预防换季时的呼吸器官疾病也很有帮助。

先天性喉部喘鸣

宝宝在吸气时，会发出“咯咯”或“咻咻”的声音，偶尔出现严重的呼吸困难症状，极可能罹患先天性喉部喘鸣。一般情况下，从新生儿时期开始即可发现先天性喉部喘鸣症状，先天性喉部喘鸣是由于声带过于松弛或喉头盖过于脆弱，导致气管变窄所引起的疾病，但这并非很严重急性症状，除非喉咙附近出现异常肿瘤，否则宝宝并不会不舒服，通常随着年龄渐长，情况会自然好转，爸妈不用过于担心。

· 护理方法

建议可采取俯卧姿势，会比较容易呼吸，也不会发出“咯咯”或“咻咻”的声音。但若宝宝出现情绪不佳、痛苦难眠、喝奶不顺，或头部向后摆的情形，甚或喘鸣情况已长达半年之久，立刻到医院接受进一步检查。

扁桃体炎

类似状况怎么辨别?
急性扁桃体炎通常由感冒的二次感染和细菌的直接感染引起。宝宝罹患中耳炎时，扁桃体也可能严重地肿大。罹患急性扁桃体炎时，宝宝颈部疼痛，吞咽食物时也会有疼痛感，而且全身麻痛发烧。若因扁桃体炎发病频繁，导致扁桃体增大，就会堵塞宝宝的鼻孔。这时，宝宝只能用嘴巴呼吸，无法熟睡，成长速度也较同龄者缓慢。有时，宝宝会出现鼻涕逆流，致使中耳炎反复发作，甚至引发呼吸中止症。

扁桃体炎是感冒的并发症，产生发炎症状后，会引起吞咽食物困难。它和咽炎一样都是因为细菌或病毒感染咽部后方，属于上呼吸道感染的一部分。扁桃体发炎时，其实张开嘴就可以看到它呈现发红肿胀的状态。

急性扁桃体炎

急性扁桃体炎应及时获得治疗，否则可能引发多种并发症，严重时不但会引起败血症和其他器官感染，甚至也会引发风湿症、风湿性心脏病、关节炎、肾炎等。

・护理方法

罹患扁桃体炎时，要使宝宝保持镇静，让宝宝摄取充足的水分，喂软的食物。当发烧或出现肌肉疼痛时，可以使用抗生素治疗。但是，如果因为反复的热感冒使疾病慢性化，那么很容易造成扁桃体肥大。

急性咽头炎

发炎位置在鼻子顶端到食道入口处，常和扁桃体一起感染，会有剧烈的喉咙疼痛及发烧现象。宝宝会觉得喉咙干干的，好像有异物卡在喉咙，观察喉咙内侧，会有明显红肿及颗粒状的疱疹。

· 护理方法

让宝宝多休息，适当补充水分。可在医生建议下使用镇痛剂及退烧药物。当然，如果宝宝年龄稍大些，已经会自己漱口了，可以搭配漱口药水使用或漱盐水。

急性喉头炎

发炎位置更靠近喉咙内侧，大约接近声带部位。宝宝喉头发炎时，哭声会出现明显的沙哑，且出现咳嗽声，严重时，甚至连声音都发不出来。

· 护理方法

通常医生会开宝宝专用的抗生素、消炎酵素、肾上腺皮质荷尔蒙等药物。静养 2 ~ 3 日，症状就会得到缓解，已经进入离乳期的宝宝，尽量避免偏酸、热性或需要用力吞咽咀嚼的食物，以免喉咙产生刺痛感。

流行性结膜炎

类似状况怎么辨别？

流行性结膜炎，又叫阿波罗 11 号眼病，多好发于春、夏两季，尤其是夏季，感染比重高达八成，主要症状是眼睛充血、泪多、发痒、眼屎多；眼睑下有沙粒般摩擦感，患病者会下意识地用手揉或眨眼睛。与会流脓、多好发于眼睑部位，因葡萄球菌或连锁球菌感染的“针眼”不同，宝宝罹患结膜炎时，通常会伴随着鼻涕、咳嗽、发烧、腹泻等类似感冒的症状。

包裹眼睑内侧和眼球外部的薄皮称为结膜，而结膜发炎便可称之为结膜炎，必须及时治疗，以免被化脓菌感染，导致角膜溃疡。

流行性结膜炎

容易在游泳池或浴池中传播，病原为腺病毒 8 型和 19 型，传染性很强，接触后经过 1 周左右才出现症状，因此，通常一个家庭中存在一位患者，在首次出现症状之前，全家都可能已经被传染。就流行性结膜炎而言，预防比治疗更重要，因为其传染性极强，不只会经由直接接触传染，还可能透过间接接触传染。这种菌是从手传染到眼睛，因此患者周围的人绝不能用手碰眼睛。此外，触摸可能带有细菌的门把手、毛巾等物品后直接碰眼睛，也会感染。

· 护理方法

必须到眼科就医，医院为了防止二次细菌感染，通常会利用抗生素进行治疗。发烧严重时，应先用解热剂降温，使宝宝充分地休息、平静。在流行结膜炎的时期，可用食盐水清洗眼睛，宝宝如果罹患流行性结膜炎，通常需要治疗 2 周以上。

先天性鼻泪管闭锁症

鼻泪管闭锁症是新生儿常见的疾病之一。在出生 3 ～ 4 周之前，新生儿没有形成眼泪，因此即使患有先天性鼻泪管闭锁症，也没有特别的症状。一般情况下，出生 12 个月后闭锁的鼻泪管会自然地打开，但是如果在出生 9 个月后还不打开，最好到眼科医院接受治疗。如果鼻泪管闭锁，就容易导致结膜炎或泪囊炎；由于细菌感染时会形成黄色分泌物，因此可以发现宝宝的眼睛上经常挂着泪水，或经常流眼泪。

· 护理方法

泪管闭锁的情况下，眼睛很容易被感染。为了防止感染，应该清除陈旧的分泌物，为此每天要按摩眼泪腺 2 次左右，促进新泪水的分泌。在按摩之前，应该清洗双手，然后从眼睛内侧开始用棉花棒轻轻地按摩眼部。如果眼睛被感染，应该滴入医生处方的抗生素眼药水。

新生儿黑便症

类似状况怎么辨别?

如果缺乏维生素K，就容易导致吐血的“新生儿黑便症”，又称之为“新生儿黑吐症”。并不是所有宝宝都会出现类似的情况，出生2～3日的宝宝会吐出鲜红的血或类似咖啡渣的褐色液体；另外，宝宝的大便也会比正常宝宝来得黑，而且带有鲜红的血。也有发现刚出生几天的宝宝吐黑血时，有时只是将生产时所吞下的母亲血液吐出而已，医学上称之为“假性黑吐症”，爸妈不用特别担心。

有时，刚出生的宝宝会因为短暂性缺乏维生素K，而使血液不容易凝固，因此发生“吐血”或“排血”的情况，但这种情况通常只是过渡期，借由维生素K注射或维生素K糖浆，就可获得有效缓解。

新生儿黑吐症

出生后几天内，大部分宝宝都缺乏维生素K。但有些宝宝的反应会比较明显，会连续性出现吐血或便血的情况，但消化道其实并没出血的情况。因为粪便中常混有血液或呈现黑色，所以常被简称为“新生儿黑便症”。另外，有的宝宝皮肤上也会出现大块紫斑，和贫血情况有些类似，宝宝也会出现情绪不佳、有气无力的状态，当黑便持续出现时，有可能会形成消化道出血或皮下出血、颅内出血，最好住院观察。

· 护理方法

如果是暂时性的缺乏维生素K，可借由针剂或口服糖浆治疗，但若出血量较大，则需进行输血。

产瘤、头血肿

产瘤同样是属于新生儿时期会让爸爸妈妈比较容易担心的疾病之一。当头部在产道内受压时，最先离开母体的头皮上出现的浮肿就称为产瘤（像肿瘤一样浮肿的症状），分娩几天后，这些头部变形和产瘤都会自然地消失。另外，与产瘤类似的症状有头血肿，即由于出血而使头部隆起，婴儿出生经过 3 天后，头部仍然柔软而膨胀着，则很可能是头血肿所致。

· 护理方法

产瘤只是一时的头部肿胀现象；头血肿则是因为血液积存所形成的血块，一开始摸起来会有些软软的，慢慢地会从周围开始朝中间变硬，虽然头血肿并不是正常现象，但皆能自然痊愈，爸爸妈妈不用刻意去按摩或揉散血块。比较需要担心的是另一种头部出血的病症——“头盖内出血”，当宝宝有呼吸不规则、痉挛、舌头外吐等异状时，一定要送医。

嘴唇水泡（鹅口疮……）

类似状况怎么辨别?

鹅口疮，又称“念珠菌症”，是真菌感染引起的疾病，为舌掌或口腔内侧出现溃烂的症状，容易形成白色斑点。不同于口角炎或口腔溃疡，患有鹅口疮时，会出现类似牛奶凝固物的斑点，以致和乳渣混淆难辨，经擦拭之后，会发现这些斑点仍紧紧黏附在舌掌或脸颊内侧。宝宝流很多口水，有疼痛状时，就是口腔炎；如果舌头上出现草莓般的红色颗粒，皮肤也有出疹情形，就有可能是猩红热。

当宝宝患有感染症状或营养障碍时，口腔内就会出现变化，甚至出现异常症状；若是新生儿还会流大量口水，而且哭闹不停。第一步，先检视宝宝的舌头、嘴唇、口腔内侧、舌下、齿龈。

鹅口疮

鹅口疮是由白色念珠菌引起的口中长白斑的疾病。早产儿、身体虚弱和免疫功能低下的宝宝容易患此疾病，如果疏忽新生儿口腔清洁，或奶嘴、奶瓶消毒不彻底，也容易患病。症状表现为：口中长着许多白色斑点，有疼痛感，斑点脱落时会出血。口中的霉菌有可能流入肠道，引起腹泻。

· 护理方法

首先要辨别白斑和新生儿口中的牛奶残渣：可用柔软的纱布轻揉白斑，如果脱落，就是牛奶残渣；如果不容易脱落并有出血，就是由霉菌引起的鹅口疮。在家中给宝宝洗澡时，要用柔软的纱布浸水后擦拭口腔。注意给奶瓶和奶嘴进行消毒，妈妈双手应保持清洁。

口腔炎

像是出现在嘴唇及脸颊内侧、舌头部位的溃疡性口腔炎，症状是中央泛白，周围红肿，碰触时会痛；或是长得像小水泡、牙龈红肿、容易出血，可能导致高烧的带状疱疹口腔炎，都是宝宝容易出现的口腔炎。

· 护理方法

避免刺激性食物，可从半流质食物中寻找适合宝宝且能引起食欲的食物；另外，应适时补充冷开水或果汁。

口角炎

多好发于嘴唇两侧，用力张嘴时会痛，大部分是由细菌及真菌感染所致，维生素摄取不足也是成因之一。有些口腔炎的局部症状，可能是因缺乏维生素 B12 引起的贫血症状。

· 护理方法

避免宝宝用舌头去舔；经常罹患口角炎的宝宝，要多摄取肉类、牛奶、蛋等含有大量维生素 B 的食物。

爱困症（嗜睡）

类似状况怎么辨别？
新生儿大部分时间都在睡觉，有些宝宝甚至会在哺乳过程中睡着，但是随着月龄的增加，睡觉的时间会愈来愈短，这都是很正常的现象。分娩后的几天内，由于分娩过程中注射的药物，宝宝很容易困；黄疸症状严重时，也会出现此情形，但是随着黄疸的消失，宝宝的意识会逐渐清晰。如果平时很有精神的宝宝突然爱困，就显示身体出现不适，症状严重就应该马上到医院就诊。

诚如老一辈所言，能睡的婴儿长得快。但真是这样吗？爱困，不是病，但却是某些疾病的并发症。宝宝若不是处于感冒或炎症发作中，却老是一副昏昏欲睡的样子，体温忽高忽低，便有可能是生病了。

嗜睡是生病警讯

嗜睡症，有时是经过长时间形成的，爸妈通常很难意识到。如果宝宝太爱睡觉，很难叫醒喂奶，或即使醒了，也是昏昏欲睡的样子，甚至对周遭的视觉刺激或声音没有反应时，爸妈就该注意了。嗜睡症也可能是一般感染（如感冒）或严重感染（如流感或脑膜炎）的征兆；心脏疾病或血液疾病（如地中海贫血）也可引发嗜睡症，另外，还有很多其他能导致嗜睡症的疾病。

· 护理方法

爸爸妈妈发现宝宝这阵子特别爱睡觉或无精打采，应立刻前往医院检查，根据导致宝宝嗜睡和无精打采的具体病因，采取正确治疗。

观察睡眠中的呼吸状态

呼吸是判断健康状态的主要依据。在新生儿的情况下，平均每分钟呼吸 40 次左右，如果每分钟的呼吸次数超过 60 ～ 80 次，就表示宝宝的健康出现异常。

如果为早产儿，由于肺透明膜症，即肺部没有充分开启而导致各种疾病。如果患有肺炎或肺出血，宝宝的呼吸就会不均匀。出生时喝到羊水或肺部积水，或是患有脑部疾病、心脏病、横膈膜异常等症状时，容易导致呼吸困难。另外，有些宝宝的咽喉软骨过于柔软，因此呼吸时喉咙会变窄，导致喉咙出现堵塞的声音。喉咙畸形或喉咙长出肿瘤时，也会出现呼吸困难的症状，因此要到医院接受精密检查。

· 护理方法

早产儿的睡姿，可采蜷曲体位（侧卧、仰卧皆可）；或模仿胎儿在子宫中的姿势，仰卧时小手及小腿朝向人体的中心线蜷缩。容易溢奶的宝宝，可约略抬高头部 30 度，并在喝完奶后，采取右侧卧姿势入睡。

体重减轻

类似状况怎么辨别?
如果宝宝的体重突然减轻，就应该到医院就诊。出生后几天内，宝宝的体重会稍微减轻(约减少出生时体重的5%～10%)，但是从第7天开始体重会重新增加。如果体重明显减少或持续减轻，就表示宝宝没有吃饱，或是生病了。如果体重突然减轻，就应该到医院找出导致体重减轻的原因。如果是喂母乳，只要减少哺乳量，就能刺激宝宝的食欲，而且还能刺激母乳的分泌。

体重减轻最多时和刚出生时所测量的重量比较，只要在10%内，都是可以被接受的。随着饮用乳汁的分量增多，在出生后第7～10天，宝宝体重会开始上升，但体重不足的新生儿可能必须在2～3周后才会恢复至出生时的体重。

生理性的体重减轻

从胎儿时期进入宝宝时期的宝宝，必须自己吸收过去由母体直接摄取的营养成分。即使是在母体中发育成熟的健康宝宝，刚生下来2～3日之间也仅能喝下微量的乳汁，而母乳的分泌也恰好是在生产后2～3天之后才会开始。

但宝宝既排便又排尿，再加上为了生存，体内储存的养分不断地被消耗掉。水分的消耗不单是从尿液及粪便中排出水分，吐出的空气中亦含有水分，皮肤表面也会散失水分，故此在母乳尚未分泌完全之前，即使用白开水或糖水来补充宝宝消耗的水分也是不够的。

因此，出生后3～4天的宝宝皆会有很显著的体重减轻现象，这

是既非生病亦非异常的现象，故加上生理性的字样加以区分，而称为生理性的体重减轻。过去大部分的人都以为体重愈早增加愈好，但其实若没有出现什么异常现象的话，不必担忧体重减轻的问题。

会过瘦的疾病

过了哺乳期之后的宝宝，如果体重远低于标准值，进食正常，但却一副营养不良的样子，就有可能是生病所致。除了可能患有先天性吸收不全症候群，即自乳儿期即持续下来的先天性巨大结肠症、先天性心脏病、先天性幽门狭窄症、糖尿病等，会造成体重增加迟缓之外，还有尿崩症、脑性小儿麻痹、激素分泌异常，以及因为脑下垂体或副肾异常引起的辛蒙滋氏症等，都有可能是肇因。

低钙血症、败血症

类似状况怎么辨别？

除了因为受伤流血、血便、吐血等外显的血液问题，宝宝的血液问题还包含了常见的缺铁性贫血，以及缺钙、磷酸所导致的低钙血症，和细菌渗透到血液，导致全身感染的症状。当然，比较严重的情况是因为制造白细胞细胞异变而导致正常血液制造功能降低的白血病。检视时，须留意宝宝是否发烧？是否血流不止？如果长期呕吐、精神不振，建议可进行血液检验，即可早日发现病因。

关于宝宝的血液问题，需要即刻送医的有两大情况，一是持续性高烧不退，二是流血不止。以下将介绍新手爸妈常难察觉的低钙血症和败血症。

低钙血症

宝宝皮肤发蓝、呼吸困难、痉挛、容易受惊以及手足颤抖时，就有可能是罹患新生儿低钙血症。喂奶粉时，如果钙和磷酸未达到平衡，就会出现这类症状，尤其是出生 5 ~ 10 天时最易发生。这时的宝宝不喜欢吃奶，经常呕吐，精神不振。

· 护理方法

可喂食低磷酸奶粉。这种疾病如果未及时治疗，容易因营养不足造成智力发育迟缓等严重伤害。

新生儿败血症

新生儿败血症是细菌渗透到血液、内脏器官，导致全身感染的症状，宝宝会出现 38 ～ 40℃以上的微热和高热，还会发生痉挛。早产儿的发生概率是正常宝宝的 3 ～ 4 倍。宝宝看起来精神不振而且意识模糊、贪睡；部分宝宝头顶上大囟门会膨胀或突出。另外，皮肤和黏膜会出疹，偶尔还会出现出血斑点，许多情况下还伴有脑脊髓膜炎或者尿道感染。

· 护理方法

治疗败血症所需的时间因宝宝的状态和细菌的种类不同而存在差异，通常需要在至少 10 ～ 14 天期间内持续通过血管注射抗生素。根据病情，有时需治疗 2 ～ 3 周以上。

如果皮肤出现败血性斑点

这些斑点很小，而且像白色或黄色水疱，多出现在手臂下部或颈部肌肉重叠的部位。可以用稀释的消毒水擦拭皮肤，就能充分地治疗，但是严重时还是需要使用抗生素。

便秘

类似状况怎么辨别?

哺乳期的宝宝，会大量出汗，这时如果缺乏水分，就容易导致脱水或便秘。尤其在夏季，更要摄取足够的水分，而且培养每天都排便的习惯。但如果宝宝饮食习惯正常，却出现便秘症状，经常捂着腹部，蜷缩着身体，并且不断地啼哭，就有可能是罹患先天性巨大结肠症。先天性巨大结肠症与普通便秘不同，它不是因为饮食、水分补充和生活环境所致，而是因为体内功能出现问题，须送医治疗。

通常3天以上没有排便，即可视为便秘，这也是新生儿常见的疾病之一。如果宝宝排便周期正常，食欲正常、情绪良好，排出的粪便也不会很硬、很臭，就不用太过担心。

先天性巨大结肠症

肛门上面是直肠，直肠上侧就是结肠部位，这里有副交感神经，能调节胃的蠕动。先天性巨大结肠症是指结肠部位先天缺乏交感神经，进而导致粪便无法流入肛门的疾病。症状表现为：因为吃完母乳或奶粉后无法排泄，腹部不断膨胀，排便量少。

· **护理方法**

需要切除没有副交感神经的部位，使有副交感神经的部位连接起来。刚出生的宝宝因为便秘而痛苦时，如果为了补充水分而多喂奶粉或母乳，反倒会使食物堆积在体内，加深宝宝的痛苦。此时，应当先到医院接受检查，确认是否为先天性巨大结肠症。

便秘

除了先天性巨大结肠症之外，喂母乳的宝宝比较常发生便秘的情况。由于母乳的摄取量不足，水喝太少，或因呕吐等原因大量损失水分，都可能造成便秘。大便太硬时，宝宝的肛门会很痛，还会导致肛裂、出血等症状。

· 护理方法

可以喂宝宝喝白糖水或蔬菜汁、果汁。进入离乳期之后，可增加副食物中的纤维质含量，或是增加碳水化合物（如稀饭、地瓜）的摄取，以利通便。腹部简单按摩，也能促进大肠蠕动，真的不行，再使用专治便秘的栓剂。如果大便已经到了肛门口，肉眼可见，但却因为太过坚硬而排不出来时，还可以把肛门体温计插入肛门内，辅助排便。最后，真的找不出便秘原因时，可在医师建议下使用药物。

内翻足与外翻足

类似状况怎么辨别?
宝宝手脚的形状和比例会随着身高拉长而开始出现变化，尤其是腿部的发育，由于涉及行走功能，通常会比手部更常受到重视。正常情况下，新生儿的脚部会与小腿呈90度角，但也有腿部向一侧弯曲的情况，而这种畸形就称为弯曲足。辨别内翻足或外翻足时，是以脚踝角度为衡量点；辨别宝宝是否为O型腿或X型腿时，通常须在1岁半之后再检视，会比较准确。

一旦发现宝宝骨头、关节、肌肉发育出现异常，甚至会有疼痛感时，千万别迷信外行人的判断，或误信偏方自行矫正，请务必到医院接受整形外科的诊察。

内翻足与外翻足

腿部向一侧弯曲的脚部畸形。其实宝宝刚出生时，脚踝多半朝内，如果脚部与小腿之间的角度过小，就无法形成90度角。脚踝朝内弯曲的内翻足一般称之为“内八足”，又有“单脚内八”及“双脚内八”之分。当脚踝向胫骨方向弯曲时，即称“外翻足”，又可称之为“外八足”。由于趾甲向胫骨方向靠近，脚趾容易向上翻，以致无法与地面接触。

· 护理方法

在哺乳过程中，如果经常按摩脚部及适度伸展运动，就能矫正弯曲足。随着脚部的活动范围增大，通常这种畸形就会逐渐消失。一般情况下，内翻足是比较严重的畸形，必要时要到医院治疗。

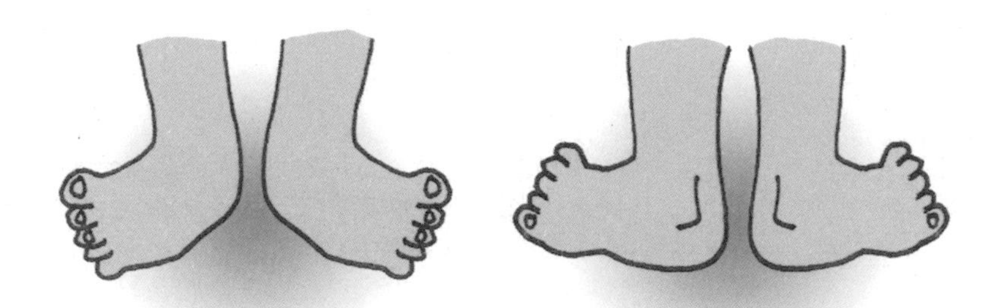

O 型腿与 X 型腿

两脚并拢站立时，膝盖与膝盖之间过度分开，称之为“O 型腿”；如果两膝并拢，但脚跟却明显分开时，则称之为“X 型腿”。大部分婴儿期的宝宝都有 O 型腿的情形，但过了 2 岁之后，两膝若仍无法并拢，甚至出现至少 3 指的间隙，则须接受矫正。

过了 3 岁之后，宝宝会出现生理性的 X 型腿，从学步期到 6、7 岁之间的 X 型腿，都可以被接受，只要不会造成走路不稳，骨骼关节也没有疼痛感，就不需要太过担心。除非上了小学之后，X 型腿仍不见改善，甚至出现 3 指以上的间隙，就属于骨骼发育异常，可在就医诊治后佩戴疗具进行矫正。

· **护理方法**

有的父母会在宝宝入睡时，用弹性布条或松紧带缠住“不直”的膝关节部位，其实没有必要；因为这样的做法反而会让宝宝睡不安稳。另有一说是，避免使用学步车，也能让宝宝的膝关节发育更为良好。

婴儿肥胖症

类似状况怎么辨别？

宝宝真的超重、太胖了吗？其实2、3个月到7、8个月大的宝宝，因为身高还没拉长的关系，体重数字看起来好像增加得比较明显，再加上皮下脂肪也比较厚，常会给人婴儿肥的错觉。除了因部分疾病而导致的过胖现象，如柯兴氏症候群、佛留立什症候群等激素异常疾病之外，进入婴儿期后期，随着宝宝活动量增加，肌肉会变得比较结实，虚胖的情况也会慢慢不见，爸爸妈妈不要太过担心。

目前针对婴幼儿时期的肥胖判定，多以卡厄普指数或劳雷尔指数为参考，但实际状况仍因宝宝而异，只要体重增加幅度没有异常的现象就不需要紧张。

小胖威利症候群

受到遗传基因影响，有些宝宝会因为父母长得比较高大，而比别的宝宝长得高、胖。另有部分研究认为，造成宝宝肥胖的原因，有可能是因为没喝母乳、太早停止喝母乳或太早让宝宝食用辅食所致。另外，基因遗传影响力不仅如此，如小胖威利症候群（简称 PWS），便是一种自 1 岁左右就会开始无节制饮食的遗传性疾病，导致体重不断上升。这种疾病无法经由婚前健康检查或羊膜穿刺筛选，只能在出生后由外观、行为得知，例如：出生时皮肤特别白、毛发颜色较淡、眼睛大多为杏仁眼、肌肉张力低、生长较为迟缓、有情绪障碍；对饮食的需求也呈现出两段式的发展，前一个阶段对食物摄取的欲望极低，之后却又呈现异常旺盛食欲的反差情况。除了容易生气之外，大多数

的患者会有严重的学习障碍，甚至出现轻度或中度智能障碍。

· 护理方法

虽无法根治，但若及早发现，父母即可适时在情绪上及学习发展上给予正面的支持和引导。

其他传染性疾病

如果妈妈本身有糖尿病的问题，宝宝在刚出生时多半也会有体重超重的情形，不过这种情况会在 3 ~ 4 个月之后慢慢趋于正常。若持续超重，建议要帮宝宝安排详细检查。

· 护理方法

不建议在宝宝尚处于婴幼儿时期时，就开始帮他做任何的减肥动作，不要宝宝一哭就喂奶，或以甜食安抚情绪。培养宝宝正常作息与良好的饮食习惯，减少摄取高糖、高盐、高脂的加工食品，即可避免“婴儿肥”演变为“成人肥”。

发育低于标准值

宝宝发育不良？

宝宝一出生后首先需要接受体重的测量。体重在2500克以上的宝宝称之为健康宝宝；未达2500克的宝宝，称之为体重不足儿（过去亦称之为未熟儿），大部分体重不足儿皆为早产。另外，还有一些平均值可供参考，通常满10个月诞生的宝宝（正常产期宝宝），出生时的体重平均为3100克左右，身高50厘米左右，头围33～34厘米，肩围35厘米左右，胸围则大约32厘米。

对新生宝宝而言，体重和身高常是用来检视发育状态的参考指标。在这要特别提醒新手爸妈，这是参考值，不是“绝对”标准，就算“进度落后”也不要太过紧张，只要宝宝仍然很有活力，也没有不适症状出现，一切顺其自然即可。

宝宝发育迟缓四因素

首先，是全身性疾病，如慢性心肝肾疾病、先天性异常、婴儿期慢性腹泻等，都会导致全身性的发育迟缓。其次，哺喂次数不够频繁，也会造成宝宝营养不足，如果宝宝每天吃奶次数在10次以下，而体重又增长缓慢，妈妈就可以些微调整喂奶次数，以增加宝宝对养分的摄取，同时也增加乳汁分泌量。

第3个原因是热量摄取不足，大多发生在吃母乳的宝宝身上，有些妈妈的乳汁虽然十分充足，但宝宝的吸吮时间不够长，而无法得到高脂肪、高热量的“后乳”，因此，即使小便数量正常，发育也良好，仍然会体重增长缓慢。

第 4 个可能因素是哺乳姿势不正确，造成宝宝的吸吮效率不高。当宝宝一开始的饥饿感被满足后，吸吮速度会逐渐变慢，如果妈妈听不到宝宝的吞咽声，有可能是宝宝没有正确地衔住奶头，或没乳汁了，这时可重新调整哺乳姿势或换边喂奶。

健康宝宝的 10 特征

① 肩围长度大于头围的长度。② 头发长度超过 2 厘米以上。③ 睫毛及眉毛完全长出。④ 指甲长得比手指尖还快。⑤ 肚脐位居腹部的正中央。⑥ 耳部及鼻部的软骨发育正常。⑦ 鼻尖部位可看到稍带黄色的小斑点、皮肤稍带淡红色，皮下脂肪丰满富弹性、毛茸茸的胎毛仅残留在肩部及背部。⑧ 男孩子的睾丸位于阴囊内；女孩子则大阴唇覆盖着小阴唇。⑨ 头部占全身比例的 1/4。⑩ 很有活力地号哭着，四肢乱动着。可以自己保持体温，肚子饿了会寻找乳头并吸吮，且能自行吞咽。

PART 4

新手爸妈必问宝宝护理问题

对大多数的新手爸妈而言，宝宝刚出生的第 1 个月是最常感到手足无措的适应期。即使平安度过第 1 周了，也可向坐月子中心或长辈亲友要求相关育婴协助，但回到家里后，面对宝宝 1 岁前的只会用哭声表达身体不适的突发状况，多少还是会感到不安。以下将针对爸爸妈妈最担心的 24 个护理问题，进行解答与说明。

准父母必问的育儿问题

Q **每次喂母乳都超过 30 分钟以上，但才过 1 个小时，宝宝就又哭着要喝奶。如何确保宝宝喝到足量的母奶？**

A 宝宝一直都不肯离开乳房，特别是从下午到黄昏这一段时间，若此种情况不断地反复发生，很可能便是母乳不够充足。假使非常担心的话，可以 10 天一次或 2 周一次测量宝宝的体重。如果宝宝每天平均增加 30 克左右的重量，便无须担心；如果真有母乳不足的情况，可向专科医生寻求协助，或以奶粉来补足母乳不足的分量。

Q **感冒时可以喂母乳吗？什么情况下不适合或应该暂时停止哺喂母乳？**

A 需要与专科医生商量授乳事宜的有心脏病、糖尿病、肾脏病、妊娠毒血症等重症的患者。患结核病的产妇有传染给宝宝之虞，或是胸部乳腺炎出脓过多者，都应该暂停授乳。此外，流行性感冒患者若发高烧则暂停授乳，须静养；轻度发烧时则戴口罩进行授乳，并在另外的房间就寝较为适宜。

Q **宝宝排便一天大约几次呢？**

A 仅喝母乳、出生后 1 个月左右的宝宝，一天约排便 4 ~ 5 次，有时也会有 8 ~ 10 次的情形。喂食奶粉等人工食品的宝宝，通常 1 天会有 3 ~ 4 次的排便，有时甚至只排便 1 ~ 2 次。若平均 2 个星期内只有 1 天没有排便，尚无须紧张；此时只要于授乳后刺激宝宝的肛门部位，有时会很意外地排出粪便。

Q 宝宝的小便次数一天几次呢？

A 最初 1 天内排出 15 ~ 20 次的尿液，渐渐变成 1 天 10 次左右。宝宝满 1 周岁后，1 天排尿 5 ~ 6 次，但其排尿次数会依季节的不同而略有差异。如果喝水量并没有明显增加，但体内水分却不断变成尿液排出，则可能是患有尿崩症，原因有二：一是中枢性尿崩症或肾性尿崩症；二是因为尿道感染所导致的膀胱炎。

Q 除了早上醒来可能有一些眼屎，白天时，宝宝的眼屎分泌好像也有点多，要怎么做才好呢？

A 摒除因遭细菌感染所引起的结膜炎因素，其实在宝宝 2 ~ 3 个月大时，睫毛容易向内生长，眼球因为受到摩擦刺激，也会产生眼屎。另外，如果泪液排出受到阻碍引起泪囊炎时，也会造成容易流泪、眼屎多、红眼睛等症状。此时可去购买 2%浓度的硼酸水，用清洁的脱脂棉擦拭宝宝眼部，将眼屎擦拭掉后大致可痊愈。

Q 宝宝的耳朵何时才能听到声响？眼睛何时才能看到物体呢？何时才能辨别食物的味道呢？

A 宝宝刚出生时，因羊水充满耳道及鼓室充血肿胀，妨碍骨膜振动，通常需要 1 周左右的时间耳朵才能听到声音。眼睛则是一出生只能分辨明暗，经过 2 个月后，才能识别物体的形状和颜色。至于味道、冰凉、热烫等感觉，宝宝出生时即已具备了，但若要能辨别甜、咸、苦、酸等味觉，则须出生后 1 周左右才可以。

准父母必问的育儿问题

Q 宝宝的臀部及背部绿色的胎痣会消失吗？另外，宝宝的上眼皮好像有淡红色的胎痣，那是正常的吗？

A 若是臀部及背部绿色的胎痣，通常 2 ~ 3 年内，最迟 5 ~ 6 年颜色会渐渐变淡并消失；若是脸部带绿色及黑色的胎痣则不会消失。而除了上眼皮外，有些宝宝的额头或头部也会出现淡红色胎痣，约 1 年后，也会变淡、消失。至于从健康皮肤表面隆起的胎痣，或长在手脚或身体的红痣、黑褐色或褐色的痣等，是无法自然消失的。

Q 宝宝斜视的状况是否可置之不顾？一般检查能检查出来吗？症状及种类有哪些？父母该注意什么？

A 宝宝在4 ~ 5个月，眼部的肌肉会长结实，斜视会自然痊愈，过了 6 个月后仍没有痊愈时，便须接受眼科医生的诊察。斜视可分为黑眼球偏外的外斜视、偏内的内斜视，以及上下斜视；有些是经常性偏离，有些是偶尔偏离。半岁前发病的内斜视，通常能在第 3 个月的健康检查时发现；远视引起的斜视通常会在 2 ~ 3 岁才发病。

Q 男宝宝的头发非常稀少，以后会不会有掉发危机？听说要剃头发、剃眉毛，之后长出来的毛发才会浓密？

A 很多人误以为帮宝宝剃过一次头，头发便会长得较为浓密些，但从科学角度看来，两者并无直接相关，宝宝的发量及发色只与宝宝的生长发育、营养状况及遗传因素有关。宝宝成长至一定时期，胎毛就会自动脱落，4 ~ 5岁时，头发便会长好。

Q 直到出院后才发现宝宝的颈部向右方扭曲，过了 1 个月都没有复原，有没有关系？

A 这是斜颈的症状，尤其是横产的宝宝最常见。通常情况下无须太过担心，只要睡觉时将宝宝颈部扭曲的部位朝下，即可逐渐自然痊愈。但若经过 1 个月的睡姿调整仍然无法矫正时，此时可抚摸扭曲部位的右侧，检视是否有肌肉隆起的现象，若有，应立即接受专科医生的诊治与指导。

Q 更换尿布时，发现宝宝股胯张开的样子很僵硬，有无大碍？

A 须注意是否为股关节脱臼的情形。造成宝宝股关节脱臼的原因，有可能是先天性股关节宽松，或是骨盆的骨头形状畸形；另外，抱小孩与包尿布的方法错误，或宝宝本身的习惯性姿势不良，也会有影响。请勿勉强拉直宝宝的腿部，或是使用让宝宝腿部伸直的尿布，应尽早寻求整形外科或小儿科医师的治疗。

Q 宝宝左右睾丸有明显的差异，较大的那个部位似乎有水在里面，对健康有影响吗？

A 这种症状有可能是罹患阴囊水肿。一般约过几个月后便会自然痊愈，若经过 1 年仍未复原，须接受专科医生的诊治。宝宝罹患阴囊水肿时，用手电筒照射阴囊，可从阴襞之相反方向看到光线从囊中的水液中通过而呈红色；当光线无法通过，即表示宝宝患有疝气。若阴囊水肿非常严重，可能须动手术治疗。

准父母必问的育儿问题

Q 9个月的早产儿，由于左边的阴囊肿起，便用手电筒照射，发现呈现黑暗一片，是否是疝气？

A 有可能是体重不足儿（未熟儿）最常见的疝气。足月的宝宝，则常是因为鼠蹊管紧闭得不够严密，或紧闭时间较为迟而导致疝气。若宝宝有疝气现象时，可使用"疝气带"观察2～3个月；倘若仍无法痊愈，则须动手术将肠子漏出的部位缝合。

Q 出生时的重量才2千克的体重不足儿检查时发现左边的睾丸没有掉入阴囊内，成人后会因睾丸的功能不佳而无法生育吗？

A 在预产期前出生的早产体重不足儿时常会有此种症状，称为停留睾丸。若超过1年以上仍然没有掉下来的话，可找专科医生诊断，透过激素让它掉落下来，但不一定要勉强提早治疗。事实上这样的症状并不会影响制造精子的能力，因为单单一个睾丸便能制造出足够的精子量。

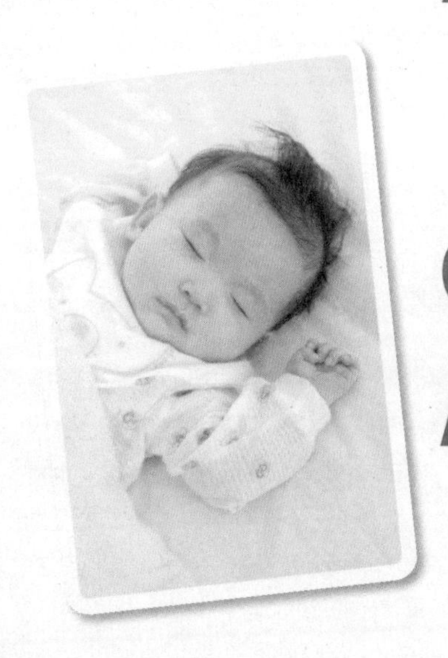

Q 才出生2个月大的女婴，只要稍微腹泻，臀部便会出现斑疹，体质好像很容易过敏，请问长大后会痊愈吗？

A 随着宝宝长大，皮肤抵抗力较强，就比较不会出斑疹了。皮肤过敏、过敏症体质、头部或脸部容易起脂溢性湿疹的宝宝，皆容易引起臀部的斑疹。像这一类的宝宝，平日可加强臀部局部的清洗，并保持干燥；尿布一湿就更换，并注意衣物上的残留洗洁剂；另外有些痱子粉也可能会让斑疹症状加剧。

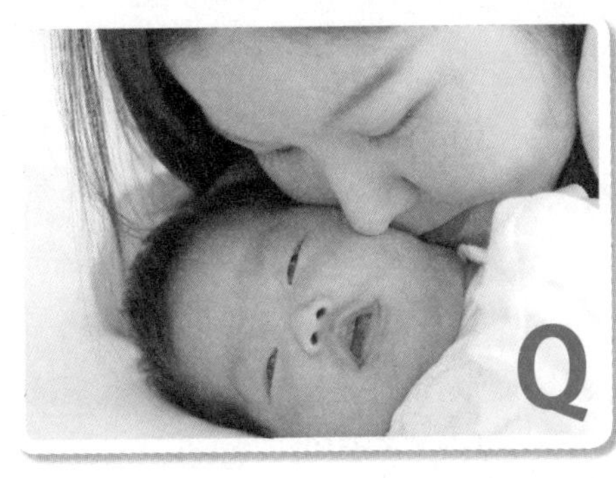

Q **3个月大的女婴，最近突然不喜欢喝牛奶，若勉强她喝下，便会吐出来。被诊断为发育过度良好，这是怎么回事？**

A 因已被诊断为发育过度良好，所以这种情况有可能是宝宝自己的身体调节过胖的情形。其次，出生后3个月大的宝宝开始会笑，并在其他人逗弄下而感到开心，除了喝牛奶以外，亦会关心其他的事情。狠下心来让她喝半天左右的白开水，有时可以恢复宝宝想喝牛奶的食欲。

Q **5个月大的宝宝可以换睡枕头了吗？宝宝夜晚时常将手伸出至棉被外，早上手都是冰冷的，偶尔会变得红红的，该怎么办？**

A 目前还不需要使用枕头，只要将毛巾折成四折作为枕头，垫在颈下肩部上，使头部自然下垂而触及床面即可。另外，针对宝宝夜晚习惯将手伸出棉被外的问题要小心，若是严冬的话，手部变红很可能是冻伤所致。可以试着加长宝宝的衣袖长度，或用法兰绒制成手套为孩子戴上。

Q **宝宝的腹部凸出，是异常现象吗？**

A 由于宝宝的腹肌尚未发育成熟，但却得容纳相对较大的内脏器官，再加上学步阶段，不良站姿也会造成脊柱向前弯，让肚子看起来更大。其实未超过2岁之前，腹部凸出是很正常的现象，若抚摸其腹部有柔软的感觉，便不必担忧。另外，也可利用轻敲肚皮的声音来辨别，若肚皮里会有明显的空心感，但不硬，宝宝也不会痛，抹些万金油、薄荷油消胀气是可以的。

准父母必问的育儿问题

Q **宝宝7、8个月大时开始长门牙，三不五时就发烧，是长牙时的发烧吗？也有人说是“智慧热”？**

A 宝宝长牙齿时是不会发烧的，再者，也没有“智慧热”的说法。8个月大的宝宝的确很容易发烧，但多半是宝宝感染到半天或一天就会痊愈的轻度感冒，再加上这时期的宝宝正值探索学步期与口腔期，也开始接触副食品，唾液腺发达了，容易流口水，一抓到东西就往嘴里塞，很容易接触到病毒细菌，轻微发烧是常有的情形。

Q **据说宝宝1岁3个月时头盖骨会弥合，但宝宝都已9个月大，洞开的部分比刚出生时大，是否患了脑水肿？**

A 头盖骨的弥合费时大概1年3个月，最迟要花上1年6个月的时间。头盖骨的弥合并非从出生时的大洞渐渐变小而弥合。反而是从出生到9个月时稍微变大；9～10个月之后，便会自然地渐渐变小。由于脑水肿的种类不同，有整个头颅变大的情形，或倒三角形头颅形状，及仅头变大而脸部大小不变的症状，一般说来没有担心的必要。

Q **我的宝宝已9个月大了，还没长牙齿，没什么关系吧？**

A 有的宝宝6个月大就开始长牙齿，有的则10个多月才会开始长，因宝宝本身情况的不同，而有相当的差异。除非1岁以上连1颗牙齿都没长出来才要就医。

Q **出生后 10 个月大的男婴，喜欢用左手拿物品，我担心他会变成左撇子，有什么方法可以矫正？**

A 只要让他用右手拿着汤匙，使他能使用右手拿物即可。只不过，有些工具的设计有左右手之分，建议可训练宝宝学习用右手操作特定工具，以免影响适应环境。

Q **宝宝都已经 12 个月大了，还不会模仿他人说话，很担心是不是智力上有问题？**

A 接近 12 个月大的宝宝除了会呜啊呜啊地喃喃低语外，还会唱“小星星”等歌曲，并学会“爸爸”“妈妈”等简单词语，这些皆是需要教导才会掌握的能力；也有不少杰出人士都是在 1 岁半甚至快 2 岁时才学会清楚说话。只要医生判定舌头、发声、听力系统都没有问题，一般肢体或脑力学习情况也都正常，可以先观察孩子的情况再做定夺。

Q **孩子的身高及整个身体都非常瘦小，是否有增加身高的方法？**

A 宝宝时期身体的大小和长大成人后身体的大小没有太大关系，一般说来，父母人高马大，宝宝体型较大的可能性较高。有的孩子幼儿时期便长得高，有的则要进入小学、中学时才会变高。平时饮食不宜缺乏蛋白质、钙质及维生素，特别是维生素 D，并且经常带孩子至户外活动，照射阳光。